工信学术出版基金
Industry and Information Technology
Academic Publishing Fond

典型非完整系统理论及控制技术丛书

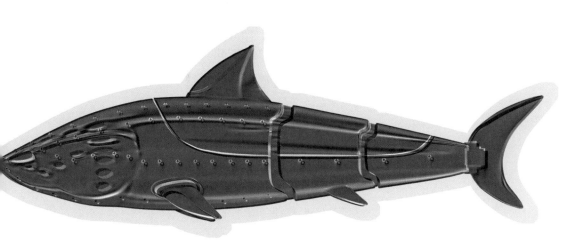

仿生机器鱼
人工侧线感知技术

谢广明　郑兴文　翟宇凡　著

人民邮电出版社
北　京

图书在版编目（ＣＩＰ）数据

仿生机器鱼人工侧线感知技术 / 谢广明，郑兴文，
翟宇凡著. -- 北京：人民邮电出版社，2022.4
（典型非完整系统理论及控制技术丛书）
ISBN 978-7-115-57643-9

Ⅰ．①仿… Ⅱ．①谢… ②郑… ③翟… Ⅲ．①仿生机
器人－海洋机器人－侧线－感知－研究 Ⅳ．①TP242

中国版本图书馆CIP数据核字(2022)第025785号

内 容 提 要

本书主要介绍仿生机器鱼人工侧线系统的设计及感知技术，共 6 章，内容包括人工侧线系统及其应用综述、仿箱鲀机器鱼、基于人工侧线的单机器鱼自主轨迹评估研究、基于人工侧线的双机器鱼相对位姿感知实验研究、基于人工侧线的双邻近机器鱼相对位姿估计算法研究、结论与展望等。

本书可作为高等院校相关专业高年级本科生和研究生的教材，也可供从事水下机器人等领域研究及应用的研发人员及工程技术人员参考。

◆ 著　　　 谢广明　郑兴文　翟宇凡
责任编辑　刘盛平
责任印制　焦志炜

◆ 人民邮电出版社出版发行　　北京市丰台区成寿寺路 11 号
邮编　100164　电子邮件　315@ptpress.com.cn
网址　https://www.ptpress.com.cn
雅迪云印（天津）科技有限公司印刷

◆ 开本：700×1000　1/16
印张：11　　　　　　　　2022 年 4 月第 1 版
字数：151 千字　　　　　 2022 年 4 月天津第 1 次印刷

定价：79.80 元

读者服务热线：**(010)81055552**　印装质量热线：**(010)81055316**
反盗版热线：**(010)81055315**
广告经营许可证：京东市监广登字 20170147 号

我国既是陆地大国，也是海洋大国，拥有丰富的海洋资源。党的十八大报告首次提出了"建设海洋强国"，党的十九大报告更是提出要"加快建设海洋强国"。在这样的国家战略需求背景下，国内的海洋事业有了快速发展。

与陆地资源的开发相比，海洋资源的开发显然更加困难。在陆地上，凭借一些简单的交通工具或者探测技术，我们就可以得到有关目标资源的大量信息，甚至可以进行实地考察。但是在海洋中，尤其是深海环境下，这是无法实现的。海洋环境具有一定的复杂性和特殊性：海洋气象状况复杂，海水运动多变，深海黑暗、高压、低温、缺氧，海水腐蚀性强，海冰破坏力大。这些都是人们认识海洋、开发海洋的不利条件。

随着机械制造和人工智能的飞速发展，机器人逐渐被应用到资源的探测与开采中。此外，仿生学也是近年来逐渐兴起的学科，自然界中一些动植物的特性能够为设计、制造适用于不同环境的机器人提供新的思路。水生生物已经在海洋环境中生活了数十亿年，在漫长的进化过程中，它们的身体不断适应着环境，最终呈现出一种最适宜生存在海洋中的形态。它们的身体灵活、机动性高，能够最大程度上减小水下阻力，提高能量的利用效率。此外，它们具有能够敏锐感知周围环境变化的器官与能够及时作出反应的神经系统，这些身体结构能够帮助它们在水下尤其是黑暗环境中进行互动、集群游动、捕食等。研究人员从水生生物中汲取灵感，开发出一系列具有特殊外形以及感知能力的新型水下机器人，我们将其称为仿生水下机器人。

在仿生水下机器人领域，目前的研究主流是仿照最常见的鱼类，设计以人工侧线系统作为感知系统的仿生机器鱼并开展相关的研究工作，如机器鱼动力学与水动力学模型的建立、水环境感知、运动位姿识别、避障等。近年来，作者所在的北京大学智能仿生设计实验室团队在这一领域取得了大量的研究成果，例如自主研制了两款仿箱鲀机器鱼、研究了基于人工侧线的单机器鱼自主轨迹评估方法、完成了基于人工侧线的双机器鱼相对位姿感知实验等。

通过本书的介绍，希望让更多的人了解仿生机器鱼与人工侧线系统这一领域。此外，也希望同行们能够对本书所展示的成果提出批评指正，共同促进这一领域的发展。

本书的主要内容是在国家自然科学基金、北京市自然科学基金的资助下完成的，在编写过程中也得到了北京大学海洋研究院、湍流与复杂系统国家重点实验室领导和同事的大力支持，在此一并表示感谢。

由于作者水平有限，书中不足之处，敬请读者批评指正。

谢广明
于北京大学中关园
2021年6月

目录 contents

第1章 人工侧线系统及其应用综述

第 2 章　仿箱鲀机器鱼

第 3 章　基于人工侧线的单机器鱼自主轨迹评估研究

第4章　基于人工侧线的双机器鱼相对位姿感知实验研究

第5章　基于人工侧线的双邻近机器鱼相对位姿估计算法研究

第6章　结论与展望

人工侧线系统及其应用综述

水下机器人是一类重要的海洋探测装备。基于师法自然的思路，许多科研工作者以在海洋中生活的鱼类为师，研制出多种仿生水下机器人样机，如机器鱼[1-4]、机器海豚[5]、机器蛇[6]、机器乌龟[7]、机器蝾螈[8]等。

为了提高仿生水下机器人执行水下任务的效率与实现运动的自主性，仿生水下机器人必须具有一定的感知水环境的能力，这一点落实到设计与制造上，就意味着该机器人必须装备有完善的感知系统，并且在程序中包含高效的感知算法。常用的感知环境信息的技术主要有视觉、激光雷达、红外等，这些感知技术对环境与传播介质有一定的要求。陆地环境的简单特性与空气介质的优良特性使这些感知技术在陆地上的应用能取得很好的效果。但是，海洋环境充满了未知，黑暗的深海、复杂的水环境使这些感知技术难以被用于水下探测，这在一定程度上限制了水下传感技术的发展。为了解决这个问题，人们深入研究了海洋生物的生理学行为与特性。鱼类之所以能够在深海环境中来去自如，这得益于它们独特的感知器官——侧线。鱼类的侧线上分布着大量的神经丘，能够迅速感知周围流场任何微小的变化，这样一种卓越的感知能力对鱼类在复杂水环境中的生存起到了关键的作用。受此启发，人们在研究仿生水下机器人的过程中，会在其表面安装一系列传感器阵列，用于获取水下信息，我们称之为人工侧线系统。人工侧线系统的研究与发展将大大提高机器人的水下感知能力，对执行水下任务与自主导航大有裨益。

本章首先将阐释鱼类侧线的生物学特性，在此基础上，介绍现有的用于描述侧线感知机理的模型。1.2 节将按照传感原理进行分类，概述受鱼类侧线启发的人工侧线传感器的研究现状。1.3 ~ 1.5 节将分别介绍人工侧线系统在水下环境信息感知和涡街检测、偶极子振荡源检测、水下机器鱼流场辅助控制中的应用。本章的最后将讨论现有的研究中存在的问题，并尝试提出一些可能的改进方法，以供未来进一步研究参考。本章的思维导图如图 1.1 所示。

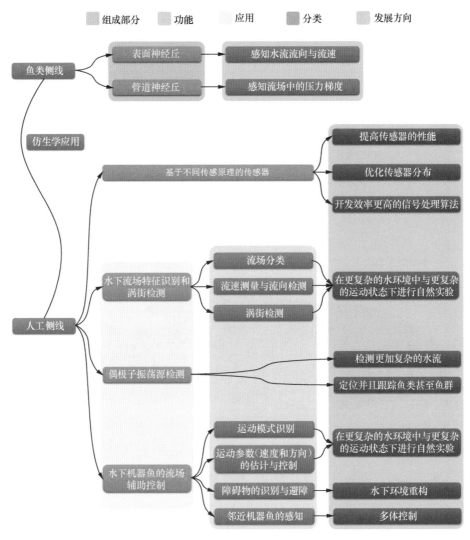

图1.1　第1章思维导图

1.1　鱼类侧线的感知机理与模型

　　侧线是鱼类和水生两栖动物所特有的一种皮肤感觉器官，也是皮肤感觉器官中最高度分化的结构，通常呈沟状或管状，对其在黑暗中感知周围环境有着重要作用[9]。侧线的感知单元是神经丘——一种由毛细胞和支持细胞组成的感受器[10]。如图 1.2 所示，侧线神经丘可以分成两类：表面神经丘（superficial neuromast，SN）和管道神经丘（canal neuromast，CN）[11]。这两种神经丘都能够敏锐感知水流流经时产生的刺激。由于细胞结构、分布、数量等的差异，这两种神经丘又有着不同的感知功能[12]。

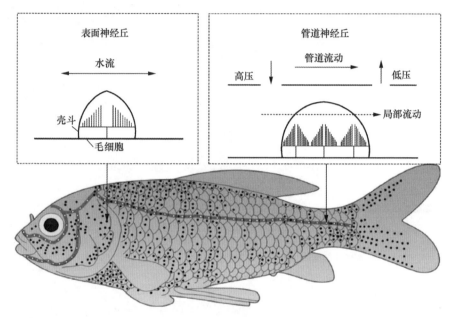

图1.2　鱼类的侧线神经丘（黑色的点代表表面神经丘，白色的点代表管道神经丘）

表面神经丘一般位于皮肤表层，在体表呈直线分布[13]。表面神经丘对水流流动十分敏感，能够响应低频直流分量，从而感知水流流向与流速。当鱼类在水中游动时，水流和其体表皮肤会产生相对位移，导致表面神经丘在力的作用下产生弯曲，从而使下方的神经元产生神经冲动，这些冲动信息能够从神经末梢传递到神经中枢。这就是鱼类借助表面神经丘来感知水流信息的机理。管道神经丘则位于鱼类表皮之下充满黏液的侧线管中，通过一些小孔与外部水环境相通[14]。管道神经丘对水流加速度（或压力差）十分敏感，能够响应高频分量，感知流场中的压力梯度，其具体的感知机理为：外部流场的压力梯度在小孔之间产生压力差（$p_1 \neq p_2$），导致侧线管中的液体运动，触

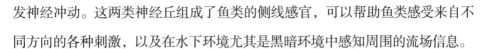

发神经冲动。这两类神经丘组成了鱼类的侧线感官，可以帮助鱼类感受来自不同方向的各种刺激，以及在水下环境尤其是黑暗环境中感知周围的流场信息。

从生物力学的角度来看，单个的管道神经丘可以视为是在无摩擦板上滑动的刚性半球，并与一个线性弹簧相连[15-16]，如图 1.3（a）所示。对刚性半球进行受力分析，如图 1.3（b）所示，其平衡方程为：

$$F_\mathrm{m} + F_\mathrm{e} = F_\mathrm{u} + F_\mathrm{b} \tag{1.1}$$

式（1.1）左边项分别是惯性力 F_m 和弹簧力 F_e，可分别表示为：

$$F_\mathrm{m} = m\frac{\mathrm{d}^2 y(t)}{\mathrm{d}t^2} \tag{1.2}$$

$$F_\mathrm{e} = ky(t) \tag{1.3}$$

式中，m 表示刚性半球的质量；$y(t)$ 表示由外部水流引起的刚性半球的稳态振荡位移；k 表示弹性系数。

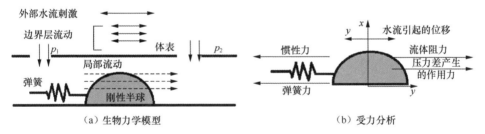

（a）生物力学模型　　　　　　　　　　　　（b）受力分析

图1.3　管道神经丘的生物力学模型与受力分析

式（1.1）右边项是水流对刚性半球产生的流体阻力 F_u 和压力差产生的作用力 F_b，可分别表示为：

$$F_\mathrm{u} = D\left[\frac{\mathrm{d}y(t)}{\mathrm{d}t} - \frac{\mathrm{d}w(t)}{\mathrm{d}t}\right] \tag{1.4}$$

$$F_\mathrm{b} = m\frac{\mathrm{d}^2 w(t)}{\mathrm{d}t^2} \tag{1.5}$$

式中，D 表示阻力系数；$w(t)$ 表示外部水流流动的位移。

因此，$\dfrac{\mathrm{d}y(t)}{\mathrm{d}t}-\dfrac{\mathrm{d}w(t)}{\mathrm{d}t}$ 表示外部水流和刚性半球间的相对速度。根据以上结果，平衡方程（1.1）可表示为：

$$m\frac{\mathrm{d}^2y(t)}{\mathrm{d}t^2}+ky(t)=D\left[\frac{\mathrm{d}y(t)}{\mathrm{d}t}-\frac{\mathrm{d}w(t)}{\mathrm{d}t}\right]+m\frac{\mathrm{d}^2w(t)}{\mathrm{d}t^2} \qquad (1.6)$$

式（1.6）是一个线性方程，因此为了方便描述管道神经丘的感知灵敏度，我们可以将位移分解到不同的频域中。在一个特定频率 f 的频域下，$y(t)$ 和 $w(t)$ 可分别表示为：

$$y(t)=y_0(f)\mathrm{e}^{\mathrm{i}2\pi ft} \qquad (1.7)$$

$$w(t)=w_0(f)\mathrm{e}^{\mathrm{i}2\pi ft} \qquad (1.8)$$

式中，$y_0(f)$ 表示外部水流流动引起的刚性半球的稳态振荡位移幅值；$w_0(f)$ 表示外部水流流动的位移幅值。

因此，外部水流速度 v 可表示为：

$$\begin{aligned}v(t)&=\frac{\mathrm{d}w(t)}{\mathrm{d}t}=\mathrm{i}2\pi fw_0(f)\mathrm{e}^{\mathrm{i}2\pi ft}\\&=v_0(f)\mathrm{e}^{\mathrm{i}2\pi ft}\end{aligned} \qquad (1.9)$$

式中，$v_0(f)$ 表示外部水流流动的速度幅值。

基于以上简化，管道神经丘的灵敏度 $S_{\mathrm{CN}}(f)$ 可以定义为外部水流流动引起的刚性半球的稳态振荡位移幅值 $y_0(f)$ 与外部水流流动的速度幅值 $v_0(f)$ 之比，这是一个依赖于频率的函数，可用以下公式表示。

$$\begin{aligned}S_{\mathrm{CN}}(f)&=\frac{y_0(f)}{v_0(f)}\\&=\frac{1}{2\pi f_{\mathrm{t}}}\frac{1+\dfrac{\sqrt{2}}{2}(1+\mathrm{i})\sqrt{\dfrac{f}{f_{\mathrm{t}}}}+\dfrac{\mathrm{i}}{3}\dfrac{f}{f_{\mathrm{t}}}}{N_{\mathrm{r}}+\mathrm{i}\dfrac{f}{f_{\mathrm{t}}}-\dfrac{\sqrt{2}}{2}(1-\mathrm{i})\left(\dfrac{f}{f_{\mathrm{t}}}\right)^{\frac{3}{2}}-\dfrac{1}{3}\left(\dfrac{f}{f_{\mathrm{t}}}\right)^2}\end{aligned} \qquad (1.10)$$

式中，$f_t = \dfrac{\mu}{2\pi\rho_w a^2}$表示过渡频率，$f_t$的大小决定了外部水流作用在刚性半球上的力主要表现为黏性力（$f < f_t$）还是惯性力（$f > f_t$）；$N_r = \dfrac{ka\rho_w}{6\pi\mu^2}$是一个描述共振特性的共振参数。在过渡频率和共振参数两式中，μ为水的黏性系数；ρ_w为水的密度；a为刚性半球半径。

表面神经丘可以简化为两段不同弯曲刚度的连接梁[17]，如图1.4所示。由于材料特性的不同，梁的远端柔韧性比近端更强。此外，模型的底端连接着一个弹簧，用来模拟纤毛的抗扭性质。当梁产生一定的弯曲时，力沿轴向的分布通常是不均匀的，因此作用在梁上的力都是以轴向长度 z 为自变量的函数，最终得到的平衡方程为：

$$F_m(z) + F_e(z) = F_u(z) + F_a(z) + F_b(z) \qquad (1.11)$$

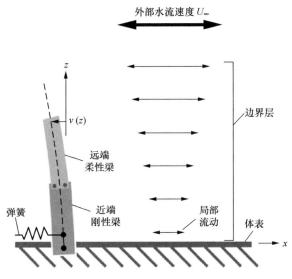

图1.4 表面神经丘的生物力学模型

式（1.11）从左到右依次表示惯性力、弹性力、内部水流产生的拉力、加速度项和浮力项。与管道神经丘类似，将外部刺激分解到不同的频域后，表面神经丘的灵敏度 $S_{SN}(f)$ 也是一个依赖于频率的函数，具体定义为梁的最

远端挠度 $v(H)$ 与外部水流速度 U_∞ 之比，具体式子为：

$$
\begin{aligned}
S_{\mathrm{SN}}\left(f\right) &= \frac{v(H)}{U_\infty} \\
&= -\frac{\mathrm{i}b_{\mathrm{w}}}{2\pi f b_{\mathrm{m}}}\left[1 - \frac{\mathrm{i}\pi f b_{\mathrm{m}}\delta^4}{2EI + \mathrm{i}\pi f b_{\mathrm{m}}\delta^4}\,\mathrm{e}^{-H(1+\mathrm{i})/\delta}\right] + \sum_{j=0}^{3}C_j\mathrm{e}^{\mathrm{i}^j H\sqrt[4]{2\mathrm{i}\pi f b_{\mathrm{m}}/EI}}
\end{aligned}
\tag{1.12}
$$

式中，b_{m} 表示梁的材料力学系数；b_{w} 表示流体力学系数；$C_j(j=0,1,2,3)$ 表示由四个积分常数组成的序列；H 表示梁的最远端距离；EI 表示梁的抗弯刚度；$\delta = \sqrt{\dfrac{2\mu}{\rho_{\mathrm{w}}\omega}}$ 表示边界层厚度；ω 表示外加刺激的角频率。关于神经丘灵敏度的定义与公式推导及相关参数细节可以参阅文献［17］。

图 1.5 所示为两类侧线神经丘的感知机制[15]。对于管道神经丘，感知过程分为两步。第一步，外部水流的速度梯度或者加速度梯度（外部水流刺激）会在管道上的小孔之间产生压力差，压差信息通过边界层和管道传递到内部，引起管道内部水流的流动（局部流动）。第二步，内部水流的流动对管道神经丘施加作用力（CN 受力），使其发生一定的弯曲，刺激信息通过神经系统进行传递，产生毛束响应。对于表面神经丘，外部水流的速度或加速度信息也会通过边界层转化为局部流动的速度信息，直接作用在表面神经丘上，并产生相应的毛束响应。

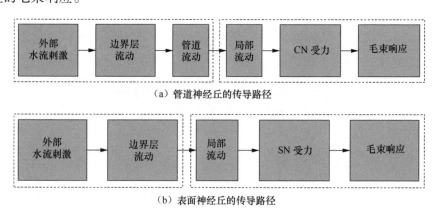

（a）管道神经丘的传导路径

（b）表面神经丘的传导路径

图1.5　侧线神经丘的感知机制

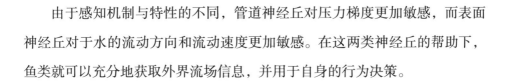

由于感知机制与特性的不同，管道神经丘对压力梯度更加敏感，而表面神经丘对于水的流动方向和流动速度更加敏感。在这两类神经丘的帮助下，鱼类就可以充分地获取外界流场信息，并用于自身的行为决策。

1.2 人工侧线传感器的研究现状

1.2.1 人工侧线传感器

在 1.1 节中，我们介绍了描述鱼类侧线感知机制的模型，这些模型的提出从理论上为人工侧线传感器的研究提供了指导。现有的基于传感器的水下探测技术有着诸多的局限性，如声呐传感器的散射和多路径传播问题、光学传感器在黑暗浑浊的海洋环境中的"失明"问题等[15]。因此，人工侧线传感器需要借助其他的传感原理或者结合多种传感方式，如压阻效应、压电效应、电容效应、光学原理、热线式风速仪原理等。本节将分类介绍基于不同传感原理的人工侧线传感器。

1. 压阻式人工侧线传感器

压阻式人工侧线传感器是一种基于半导体材料压阻效应的器件。压阻效应是指半导体材料在受力时会发生形变，从而导致电阻变化的现象。将半导体材料连接到测量电桥中，外力的作用可以根据电桥的输出读取出来。利用这种测量方法，我们通过电桥输出的电学量反推待测的压力、张力等力学量。通过力学量就可进一步得到关于外部环境的信息。图 1.6 所示为各种压阻式人工侧线传感器。

侧线细胞具有直立的纤毛，可作为外部刺激的接受器，这是非常重要的感知元件。2002 年，Fan 等[18]采用塑性变形磁性组装、微加工技术制造出了第一个压阻式人工侧线传感器。该传感器［见图 1.6（a）］主要由一个固定式自由悬臂、一根垂直的人造纤毛和一个应变仪组成。悬臂的主要成分为硼离子扩散硅，人造纤毛连接在悬臂的自由端，应变仪位于悬臂的根部。当外界有局部流动时，人造纤毛的弯曲会导致悬臂梁的形变，应变仪就能够定量测量出这一形变，进而可以得到有关于水流的信息。这一传感器可以用于检测流速为 0.1～1 m/s 的层流。

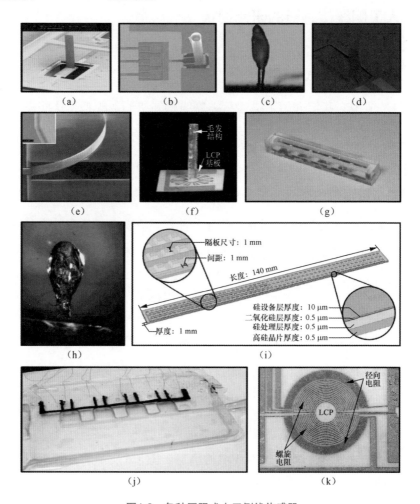

图1.6　各种压阻式人工侧线传感器

2003 年，Chen 等[19] 将上述传感器与热线式风速仪进行了对比，省去了悬臂梁的设计，更加接近真实侧线的结构。他们将垂直纤毛直接固连在基板上，应变仪也直接放置在纤毛的根部。这一设计提高了传感器的性能。此外，在适用性方面，该传感器可用于多种流动和温度条件下的感知，并且能够大规模集成，实现了分布式流量感知。为了进一步提高人工侧线传感器的灵敏度和分辨力，Yang 等 [20] 在 2007 年研制出了一种新型压阻式流量传感器［见图 1.6（b）］，其基板的主要材料为绝缘硅晶片，上方附着由 SU-8 环氧树脂制成的圆柱形纤毛。该传感器能够用于检测稳态层流和振荡流，检测阈值为 0.7 mm/s，分辨力为 0.1 mm/s。这种传感器即使在恶劣的条件下也能够使用，并表现出良好的鲁棒性。但是，在传感器的制作过程中，光刻工艺难免会出现一些误差，从而影响传感器的灵敏度 [20-22]。2010 年，他们采用自适应波束成形算法，基于聚氯乙烯制成的圆柱形基板，又制作了一种压阻式传感器，并将该传感器用于定位偶极子源 [23]。

为了进一步模仿鱼类的侧线感知神经，提升人工侧线系统的感知能力，McConney 等 [24] 在 2009 年利用精确滴铸法制作了一种新型侧线感知系统［见图 1.6（c）］。他们在传感器的垂直纤毛上附着一个主要成分为聚乙二醇、柔韧性极强且具有高纵横比的水凝胶壳斗来提升传感器的性能。最终这种传感器的分辨力达到了 2.5 μm/s，相比之前的同类传感器提升了约两个数量级。

上述的压阻式人工侧线传感器均以硅为半导体材料。此外，还有许多基于其他材料的人工侧线传感器。2011 年，Qualtieri 等 [25] 利用氮化铝制作的悬臂梁作为主要部件，制作了另一种人工侧线传感器［见图 1.6（d）］。他们将微加工技术中的光学光刻和蚀刻工艺相结合，制作出了以氮化铝、钼镍合金为主要材料的压阻结构，这种结构能够对来自不同方向的压力产生灵敏的反应，其检测阈值为 2.5 kPa。这种传感器几乎在所有的流动条件下都具有稳定性，且制作简单，应用前景广阔。2012 年，他们还利用微加工技术制作了一个以防水硅 / 氮化硅为主要材料的多层悬臂梁，并且在纤毛结构上沉积了一层防水聚对二甲苯涂层。这些结构使得传感器［见图 1.6（e）］在高速流动中具有良好的鲁棒性，并且能够在低频条件下辨别水的流动方向 [26]。

2014 年，Kottapalli 等 [27] 制作了一种由液晶聚合物薄膜、应变仪和 60 硅纤毛组成的人工侧线传感器［见图 1.6（f）］，纤毛是利用立体光刻法制造的。这一传感器可以在高温高压条件下检测空气和水流流速。其中，在空气中，其灵敏度为 0.9 mV/(m·s^{-1})，检测阈值为 100 mm/s；在水流中，其灵敏度为 0.022 mV/(m·s^{-1})，检测阈值为 15 mm/s。2016 年，他们在 60 硅纤毛附近搭建了一个帐篷状的纳米纤维支架，并将一个 HA-MA 水凝胶壳斗放置在纳米纤维支架上，从而提升了传感器的性能［见图 1.6（h）］[28]。

上述提及的人工侧线传感器都基于悬臂梁或者纤毛结构，它们会在水流的作用下产生弯曲形变，可以用来测量水的流速与流动方向。另外，还有一些传感器采用平面结构设计，将压阻器件直接安装在基板上，用于检测水下压力场的分布与变化。

2017 年，Jiang 等 [29] 将悬臂式流量传感元件［见图 1.6（g）］集成到聚二甲基硅氧烷层中，组成的阵列被用于检测偶极子振荡源。在 115 Hz 的工作频率下，传感器有着良好的高通滤波特性，压力梯度检测阈值为 11 Pa/m。

此外，Fernandez 等 [30] 在 2007 年提出了一种用于检测方形和圆柱形障碍物的人工侧线传感器阵列［见图 1.6（i）］。该阵列由数百个微机电系统（micro-electro-mechanical system，MEMS）压强传感器组成，这些传感器都被集成在蚀刻硅晶片和耐热玻璃晶片上。应变仪被安装在一个 2000 μm 厚的柔性硅薄膜上。该传感器的压力梯度检测阈值为 1 Pa/m，并且能够适用于黑暗环境。2012 年，Yaul 等 [31] 制作了一组由四个传感器组成的一维阵列［见图 1.6（j）］，传感器之间的间距为 15 mm。每一个单独的传感器都由应变集中式隔膜与复合材料电阻式应变仪两个关键部件组成。这种传感器对于压力的测量分辨力为 1.5 Pa。

为了进行水下探测任务，Kottapalli 等 [32] 在 2012 年提出了一种基于液晶聚合物的 MEMS 人工侧线传感器阵列［见图 1.6（k）］，该传感器以液晶聚

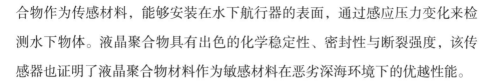

合物作为传感材料,能够安装在水下航行器的表面,通过感应压力变化来检测水下物体。液晶聚合物具有出色的化学稳定性、密封性与断裂强度,该传感器也证明了液晶聚合物材料作为敏感材料在恶劣深海环境下的优越性能。

2. 压电式人工侧线传感器

压电效应是指特定材料在受到外力作用时表面上会产生电荷,从而破坏原有的电中性。这种现象也为人工侧线传感器的研发提供了新的灵感。基于材料压电效应的传感器能够通过收集电信息来感知外部环境。图 1.7 所示为各种压电式人工侧线传感器。

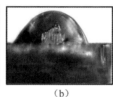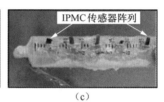

(a) (b) (c)

图1.7 各种压电式人工侧线传感器

为了实现对于水下障碍的定位与避障行为,Asadnia 等[33] 在 2013 年采用浮底电极设计了一种基于 $Pb(Zr_{0.52}Ti_{0.48})O_3$ 薄膜的压电式人工侧线传感器 [见图 1.7(a)]。他们将 25 个传感器封装在一个柔性液晶聚合物基板上,形成一个传感阵列,并且将其用于对水下振荡源的定位。在检测振荡流的流速时,其分辨力为 3 mm/s。此外,这种传感器还具有许多其他的优点,如自供电、体积小、重量轻、成本低和耐用性好等。2015 年,他们采用立体光刻工艺,通过将聚合物纤毛安装在带有浮底电极的微隔膜上,提升了传感器的性能。优化后的传感器有着良好的高通滤波特性,截止频率为 10 Hz,在用于水流速度检测时,其灵敏度为 22 mV/(mm·s^{-1}),分辨力为 8.2 mm/s[34]。2016 年,他们又提出了一种基于纤毛束结构的微型聚合物流量传感器 [见图 1.7(b)],在制作纤毛束时,首先将聚二甲基硅氧烷细丝与压电纳米纤维尖端连接在一起,再借助精密滴铸和膨胀工艺,形成一个包裹着纤毛束的圆顶状水凝胶壳斗。这种传感器的灵敏度为 300 mV/(m·s^{-1})，检测阈值为 8×10^{-3} mm/s。这种传感器尺寸小、无需外部电源且具有一定的生物相容性，在生物医学设备与微水流检测方面有着巨大的应用潜力[35]。

2011 年，Abdulsadda 等[36]基于离子聚合物 - 金属复合材料（ionic polymer metal composite，IPMC）的传感能力设计了一种新型人工侧线传感器［见图 1.7（c）］。IPMC 由三层物质组成，上下两层都为金属电极，中间的夹层为离子交换聚合物膜，在外力的作用下能够产生可以被上下电极检测到的电信号。基于 IPMC 的流量传感器能够用于定位 4～5 个体长距离外的偶极子源，其检测阈值为 1 mm/s。然而，该传感器的信号采集能力还有待提高。

3. 电容式人工侧线传感器

由于具有高灵敏度和低功耗的特点，电容器已经被广泛应用于不同类型的传感器中。基于电容器工作原理的传感器的最关键组件是电容示值器，它能够将外部刺激的作用效果转换为电容的变化并且表示出来，从而提供了一种检测水下压力和流速的有效方法。类似于压阻式人工侧线传感器，附着在基板上的纤毛在局部水流的作用下会发生形变，进而改变基板电极间的距离，根据电容的变化信息就能够得到外部水流流场的信息。图 1.8 所示为两种电容式人工侧线传感器。

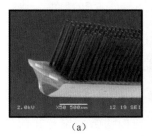
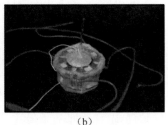

（a）　　　　　　　　　　（b）

图1.8　两种电容式人工侧线传感器

2007 年，Krijnen 等[37]受蟋蟀感知系统启发，提出了一种具有纤毛结构的电容式人工侧线传感器［见图 1.8（a）］。他们使用人工多晶硅技术制备氮化硅悬浮膜和 SU-8 聚合物纤毛，纤毛直径约为 50 μm，长度不超过 1 mm。氮化硅悬浮膜的顶部有薄铬电极，这样就形成了可变电容器。这种传感器的灵敏度为 1.39 pF/rad。然而，为了得到更高的分辨力，电容结构还可以进行进一步优化[38]。2010 年，他们制作了基于这种传感器的感知阵列，悬浮膜下方是集成电极，上方连接着圆柱状的纤毛结构。为了防止短路与电解作用，电极与液体之间是绝缘的。当用于检测空气流速时，在 115 Hz 的工作频率下，感知阵列的灵敏度为 0.004 rad/(m·s^{-1})[39]。

为了检测水流速度与水流方向，Stocking 等[40]在海豹触须的启发下，于 2010 年制作了一种电容式晶须传感器［见图 1.8（b）］。他们将刚性人造晶须安装在锥型平行板电容器基座上，基座上覆盖有聚二甲基硅氧烷薄膜。他们通过数值模拟的方式预测了当外部水流速度从 0 变化到 1.0 m/s 时电容器输出信号的变化。然而，预测的基线电容和信号响应与实验结果不同，这一点需要通过优化结构设计来解决。

4. 光学人工侧线传感器

光学原理在人工侧线传感器的研发上也有一些应用成果。图 1.9 所示为三种光学人工侧线传感器。Adrian 等[41]在 2011 年制造出一种由透明硅胶棒组成的人工神经节［见图 1.9（a）］，这种硅胶棒有着与水相同的密度。硅胶棒的一端装有红外发光二极管，在检测水流速度时，光线从硅胶棒出发，发射到一根连接着光电晶体管的光纤，接收到的光信号被转化为电信号，经过放大电路后完成输出。这一传感器被用于检测固定的振荡球产生的水流、流经的物体产生的水流以及上游圆柱体产生的尾涡。但是由于气体与水的性质不同，在检测空气时，信号采集需要较大的空气流动速度。根据传感器获取的信息，他们能够计算出水流流速的大小与产生涡流的圆柱体的尺寸。该传感器对水流速度的检测阈值为 100 mm/s。这种传感器不会裸露在水流流场中，因此对原始水流流动的影响较小，传感器的物理损耗也较小。由于其结构特点，灵敏度、频率响应和动态幅值范围等参数都可以进行简单的调整。

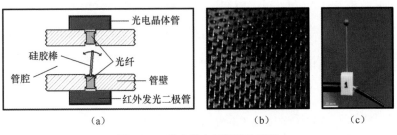

图1.9 三种光学人工侧线传感器

2009 年，Große 等 [42] 提出了另一种光学感知方法。他们使用了以柔性细棒为主要部件的传感器 ［见图 1.9（b）］，柔性细棒由弹性聚二甲基硅氧烷薄膜制成。柔性细棒被放入局部流动中后会在水的作用下产生一定弯曲，进而可通过光学方法测量其挠度，感知水流信息。他们还利用实验证明了该传感器在测量范围内的低漂移性和可重复性（±1.5%F.S.）。这一结构设计还可以拓展到高雷诺数流动的检测。

2018 年，Wolf 等 [43] 提出了一种纯光学二维流速传感器［见图 1.9（c）］，这一传感器由刻有布拉格光栅的光纤组成，光纤上方支撑着一个用于感知水流作用力的球体。该传感器在低频时的检测阈值为 5 mm/s，在共振时的检测阈值为 5×10^{-3} mm/s。此外，这一传感器还能够在一定范围内检测水的流动方向。

5. 热线式人工侧线传感器

热线式风速仪是一种常用的测量仪器，其原理是基于放置在水中且被加热过的金属线，当有水流经过时，热量的损失会导致温度和电阻的变化，进而可以通过电信号来测量水的流速。这一原理也催生了多种人工侧线传感器。图 1.10 所示为两种热线式人工侧线传感器。

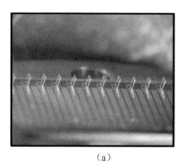 

（a） （b）

图1.10 两种热线式人工侧线传感器

2006年，Yang等[44-46]根据热线式风速仪的工作原理，利用表面微加工工艺制作了一种人工侧线传感器阵列［见图1.10（a）］。他们受鱼类表面神经丘的启发，首先将热丝连接在两个从基板上凸起的尖头之间，然后利用光刻技术在基板上集成感知回路，最后通过三维磁性组装的方法完成整体传感器的制作。这种传感器被用于定位振荡偶极子源，在测量水的流速时，检测阈值为 0.2 mm/s，信号传输的带宽为 1 kHz。

Liu等[47]在2009年提出了一种基于薄膜沉积工艺和标准印制电路的微型热膜流量传感系统［见图1.10（b）］。他们将传感器电极和感知电路集成在聚酰亚胺柔性基板上，以铬、镍、铂的合金作为传感元件。该传感器结构简单、成本低、灵活度高、易附着在物体表面，具有良好的机械特性和传感能力。在用于水的流速测量时，其分辨力为 100 mm/s，可重复性为 ±0.3%F.S.。

1.2.2 人工侧线传感器分布优化

在人工侧线系统的发展历程中，为了更好地去模拟真实的鱼类侧线，除了 1.2.1 节提到的各种传感器之外，人们还对传感器阵列中的位置分布优化进行了深入研究。Verma 等[48]在 2020 年进行了一项实验，他们将形似昆虫的水下航行器放置在由振荡流引起的扰动中进行探究，在分析的过程中，将纳维 - 斯托克斯（Navier-Stokes）方程与贝叶斯实验设计相结合，最终得出结论：为了实现最好的感知效果，剪切传感器需要安装在水下航行器的头部和尾部，压强传感器则需要沿身体均匀分布，且在头部分布较为密集，这种分布模式恰好与真实的鱼类侧线神经丘分布类似。2019年，Xu 等[49] 提出了一种结合了特征距离和方差评估的最优权值分析算法来评价传感器阵列的性能，他们提出的方法中包含 3 个具体的评价指标。此外，他们还对传感器阵列中传感器的最优数量进行了简要的讨论。这项工作为将来的人工侧线传感器分布优化的研究提供了新的思路。

1.2.3　人工侧线传感器相关信息的总结

前面，我们分类介绍了基于不同传感原理的人工侧线传感器，并简要概述了传感器位置优化方面的工作。表 1.1 所示为前面提及的人工侧线传感器相关信息的总结。

表1.1　人工侧线传感器相关信息的总结

传感原理	相关文献	制作工艺	主要材料	分辨力 / 检测阈值
压阻效应	Fan 等 (2002)[18] Chen 等 (2003)[19]	塑性变形磁性组装、微加工技术	硼离子扩散硅、坡莫合金	100 mm/s
	Yang 等 (2007)[20] Chen 等 (2006)[21] Chen 等 (2007)[22] Yang 等 (2010)[23]	离子注入技术、深层离子蚀刻技术	硼离子扩散硅、SU-8 环氧树脂	0.1 mm/s
	McConney 等 (2009)[24]	精确滴铸法	硼离子扩散硅、聚乙二醇	2.5 μm/s
	Qualtieri 等 (2011)[25]	微加工技术	氮化铝、钼镍合金	2.5 kPa
	Qualtieri 等 (2012)[26]	微加工技术	防水硅 / 氮化硅、聚对二甲苯	50 mm/s
	Kottapalli 等 (2014)[27] Kottapalli 等 (2016)[28]	深层离子蚀刻技术、静电纺丝	液晶聚合物、60硅、HA-MA 水凝胶	100 mm/s（空气）、15 mm/s（水流）
	Jiang 等 (2017)[29]	微加工技术	聚二甲基硅氧烷、聚丙烯、聚偏二氟乙烯	11 Pa/m
	Fernandez 等 (2007)[30]	微加工技术	硅	1 Pa/m

续表

传感原理	相关文献	制作工艺	主要材料	分辨力 / 检测阈值
压阻效应	Yaul 等 (2012)[31]	微加工技术	聚二甲基硅氧烷、导电炭黑 – 聚二甲基硅氧烷复合材料	1.5 Pa
	Kottapalli 等 (2012)[32]	微加工技术	液晶聚合物	25 mm/s
压电效应	Asadnia 等 (2013)[33]	微加工技术、溶胶方法	$Pb(Zr_{0.52}Ti_{0.48})O_3$、60 硅	3 mm/s
	Asadnia 等 (2015)[34]	立体光刻工艺		8.2 mm/s
	Asadnia 等 (2016)[35]	精密滴铸和膨胀工艺	聚二甲基硅氧烷、聚偏二氟乙烯、HA–MA 水凝胶	$8×10^{-3}$ mm/s
	Abdulsadda 等 (2011)[36]	微加工技术	离子聚合物 – 金属复合材料	1 mm/s
电容效应	Krijnen 等 (2007)[37] Yan Baar 等 (2003)[38] Krijnen 等 (2010)[39]	人工多晶硅技术、SU–8 聚合物加工	氮化硅、SU–8 聚合物	–
	Stocking 等 (2010)[40]	微加工技术	聚二甲基硅氧烷	–
光学原理	Adrian 等 (2011)[41]	–	硅胶棒、红外发光二极管	100 mm/s
	Sebastian 等 (2009)[42]	–	聚二甲基硅氧烷	–
	Wolf 等 (2018)[43]	–	–	$5×10^{-3}$ mm/s（共振）、5 mm/s（低频）
热线式风速仪原理	Pandya 等 (2006)[44] Yang 等 (2006)[45] Chen 等 (2006)[46]	塑性变形磁性组装、微加工技术	聚酰亚胺、铬、镍、铂	0.2 mm/s
	Liu 等 (2009)[47]	薄膜沉积工艺、标准印制电路	聚酰亚胺、铬、镍、铂	100 mm/s

　　尽管目前在人工侧线传感器的设计和制造方面已经有了很多成果，但是这些传感器大多只是对真实鱼类侧线神经丘的简单模仿，在灵敏度方面还有很大的差距，这是在以后的研究中需要首先解决的问题。此外，鱼类的侧线细胞分布是在进化的过程中不断优化的。因此，我们需要进一步深入理解鱼类侧线的原理，挖掘侧线细胞的分布规律，以便以后能够根据不同机器鱼的

形状，找到最优的人工侧线传感器阵列分布，发挥人工侧线的潜力。最后，我们可能还需要更有效的信号处理以及智能体决策算法，以便能够充分利用人工侧线系统获取的信息，使水下机器人能够像鱼类一样迅速、准确地做出决策。能够实现这些功能的人工侧线系统在未来的海洋探索开发中才能发挥出巨大的作用。

1.3 基于人工侧线系统的水下流场特征识别和涡街检测

自然界中的流动通常是十分复杂的，并且我们在前面也提到了现有的水下探测方法的局限性，但随着各种类型的人工侧线传感器的出现，科研人员逐渐开始利用这些传感器组成的人工侧线系统来感知水流环境的信息。目前的研究主要集中在以下方面：流场分类、流速测量与流向检测和涡街检测。图 1.11 所示为本节研究中使用的搭载有人工侧线系统的水下航行器或机器鱼。

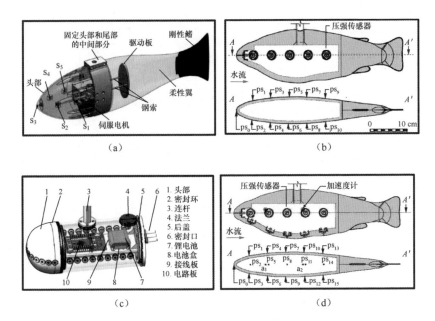

图1.11 流场感知研究所使用的人工侧线载体

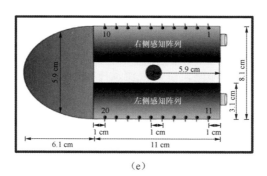

图1.11　流场感知研究所使用的人工侧线载体（续）

1.3.1　流场分类

2013 年，Salumäe 等[50]利用一条装配有 5 个压强传感器（$s_1 \sim s_5$）的机器鱼［见图 1.11（a）］进行水的流场分类实验，通过对压强传感器数据的观察与分析得出结论：人工侧线系统能够帮助机器鱼区分所在的流场环境，如均匀流动和周期性湍流，以便后续辅助控制机器鱼相对水流的运动。这种方法适用于任何水下航行器，尤其对于湍流中的航行器具有重要意义。2018 年，Tuhtan 等[51]使用另一条装配有 11 个压阻式压强传感器（$ps_0 \sim ps_{10}$）的机器鱼［见图 1.11（b）］来获取水流信息。他们根据压阻式压强传感器测量数据计算出的湍流平均流速与实际测量结果相符，并且能够根据水的特性，通过比较湍流情形下压力波动的概率分布对流场进行分类。

2019 年，Liu 等[52]也在流场分类研究上做出了一定的贡献。他们使用的人工侧线系统由 23 个压强传感器组成［见图 1.11（c）］，利用一种优化的压力分布模型仿真了人工侧线感知到的流场压力变化。随后他们又建立了可视化的压差矩阵来区分不同条件下的流场，并且建立了一个四层卷积神经网络模型来评估这一方法的准确性。

1.3.2　流速测量与流向检测

流速与流向是流场的两个最基本特征，对于这两个特征的检测能够帮助机器鱼了解所在的流场环境，以便在流动中对机器鱼实施控制与导航，实现趋流行为。

2013 年，Salumäe 等[50]证明了只凭借机器鱼［见图 1.11（a）］两侧的平均压力就能够估计水流速度。他们根据伯努利定理提出了一个拟合公式，来描述平均压力降与流速之间的关系。此外，根据受到水流冲击的一侧压力通常会更大这一现象，他们还提出了一种根据机器鱼两侧的压力差来识别水流方向的方法。

2015 年，Fuentes-Pérez 等[53]基于一个装配有 16 个压阻式人工侧线传感器的机器鱼提出了一种新的流速估算方法，这一方法的优点是无须进行传感器的校准，使用起来非常方便。同样基于伯努利方程，他们利用一种半经验重采样过程来处理人工侧线感知到的压力变化。直槽水洞中得到的水流流速结果与多普勒声学测速仪的结果一致，这验证了该方法的准确性。

此外，Strokina 等[54]在 2015 年将人工侧线与信号处理方法相结合，在自然流动感知方面取得了巨大进展。他们使用的机器鱼如图 1.11（d）所示。他们证明了通过典型信号转换和核岭回归的方法，人工侧线获得的压力信息能够被转换为流速和攻角这两个重要的水动力学量。这一方法不仅在人工侧线传感器阵列与水流方向平行（即零攻角）时有效，在大攻角时也能够得到较为准确的结果。他们在自然河流中验证了这一方法的准确性，测量误差为14 cm/s。2017 年，Tuhtan 等[55]提出了一种新的方法来估计 0 ~ 1.5 m/s 的水流流速。他们将人工侧线在湍流中采集的水的流速和压力数据对时间作平均，提出了一种将皮尔逊积矩相关系数特征和人工神经网络相结合的信号处理方法。这种方法也许可用于解释真实环境中鱼类的行为偏好。

2020 年，Liu 等[56]利用拟合方法和反向传播神经网络模型，成功地计算出了水流流速和流向以及人工侧线载体的运动速度[56]。机器学习方法的引入为流场感知研究开辟了新的道路。

1.3.3　涡街检测

涡街是自然界中最常见的流动之一，如鱼类摆动尾鳍产生的尾流和障碍物下游的流动。涡街特征的识别与上游物体的位置估计对机器鱼在自然水流环境下的导航具有重要意义。

2006 年，Yang 等[45]首次使用人工侧线系统研究了卡门涡街的空间速度分布，并对圆柱体产生的卡门涡街速度场进行了可视化研究。

2010 年，Ren 等[57]从理论的角度研究了真实鱼类如何利用侧线感知涡街。基于势流理论，他们构建了鱼体附近流场的模型，尤其是压力场的分布，并且解释了鱼类如何借助侧线的管道神经丘来捕获涡街的特征。这一模型能够被用来估计涡街的范围、传播速度、方向、涡旋之间的距离以及鱼和涡街之间的距离等参数。

2011 年，Adrian 等[41]利用 1.2 节中介绍的光学人工侧线传感器［见图 1.9（a）］检测了上游振荡源与圆柱产生的涡街。他们通过对人工侧线输出信号的简单处理，成功计算出了涡街的速度与圆柱尺寸。

2012 年，Venturelli 等[58]将 20 个压强传感器沿两列平行安装在一个水下航行器两侧［见图 1.11（e）］，进行流场感知实验。他们还借助数字粒子图像测速仪实现了水的流动的可视化，并且应用时域和频域方法分别分析了稳态流动和非稳态流动中的流场状态。结果表明，人工侧线获得的数据能够区分涡街与稳态流动，并且能检测出水下航行器相对于来流的位置与方向。此外，他们还计算了一系列水动力学参数，如涡街脱落频率、涡街传播速度和下游距离等。

2017 年，Free 等[59]提出了一种估算涡街参数的方法。他们用 4 个压强传感器组成的直线阵列来感知螺旋涡，用方形阵列来感知卡门涡街。基于势流理论和伯努利定理，他们将测量方程纳入递归贝叶斯滤波器中，成功地估计出了涡旋的位置和强度。此外，他们还根据经验观测确定了水下航行器游经卡门涡街的最佳路径，并且通过实验证明了闭环控制策略的有效性。基于以上结果，他们于 2018 年将人工侧线传感器阵列安装在茹科夫斯基翼型水下航行器上，成功检测到附近存在的卡门涡街。再利用轨迹跟踪反馈控制，该水下航行器在卡门涡街附近能够实现类似鱼类的回游行为 [60]。

1.3.4　人工侧线在流场感知方面的研究总结

前面，我们重点介绍了人工侧线系统在流场特征识别和涡街检测中的应用。表 1.2 对相关研究进行了总结。现有的结果主要基于静态的人工侧线传感器阵列，并且大多在实验室环境中进行实验，用于实验的特征流动、可以检测到的流动参数都很有限。随着人工侧线系统的发展，我们可以更加关注人工侧线系统在自然环境下的实验，自然水环境的复杂性和机器鱼的复杂运动会使得流场感知难度陡增。

表1.2　人工侧线在流场感知方面的研究总结

研究方向	相关文献	人工侧线传感器	环境类型
流场分类	Salumäe 等 (2013)[50]	5 个压强传感器 (Intersema MS5407–AM)	实验室环境
	Tuhtan 等 (2018)[51]	11 个压强传感器 (SM5420C–030–A–P–S)	实验室环境
	Liu 等 (2019)[52]	23 个压强传感器 (MS5803–07BA)	实验室环境
流速测量与流向检测	Salumäe 等 (2013)[50]	5 个压强传感器 (Intersema MS5407–AM)	实验室环境
	Fuentes–Pérez 等 (2015)[53] Tuthtan 等 (2016)[55]	16 个压强传感器 (SM5420C–030–A–P–S) 和 2 个三轴加速度计 (ADXL325BCPZ)	实验室环境
	Strokina 等 (2015)[54]	16 个压强传感器 (SM5420C–030–A–P–S) 和 2 个三轴加速度计 (ADXL325BCPZ)	实验室环境与自然环境
	Liu 等 (2020)[56]	23 个压强传感器 (MS5803–07BA)	实验室环境
涡街检测	Yang 等 (2006)[45]	16 个热线式传感器	实验室环境
	Ren 等 (2010)[57]	理论模型	

续表

研究方向	相关文献	人工侧线传感器	环境类型
涡街检测	Adrian 等 (2011)[41]	光学传感器	实验室环境
	Venturelli 等 (2012)[58]	20 个压强传感器	实验室环境
	Free 等 (2017)[59] Free 等 (2018)[60]	4 个压强传感器	实验室环境

1.4　基于人工侧线系统的偶极子振荡源检测

借助人工侧线系统实现对水下物体的定位能够有效提高机器鱼在水下环境中的感知与生存能力。真实鱼类游动时尾鳍摆动产生的尾流类似偶极子振荡源产生的流场，海洋系统中的"捕食者"正是利用猎物的尾流信息帮助自己捕获食物[61]。偶极子振荡源检测已经成为流体力学与人工侧线发展中的基本问题之一。当偶极子以某种方式振荡或运动时，水流速度场和压力场也将相应地发生变化。根据人工侧线系统获得的流场信息，如果可以推测出偶极子的位置与运动方向，那么对于进一步实现机器鱼的最优轨迹控制与跟踪游动有着重要指导意义。图 1.12 所示为本节研究中使用的装有人工侧线系统的水下航行器或机器鱼。

2010 年，Yang 等[23] 将 15 个压强传感器组成的人工侧线安装在圆柱体航行器［见图 1.12（a）］上，进行偶极子定位实验。他们使用波束成形算法对三维水下环境进行重构，人工侧线系统被证明能够在各种条件下精准定位偶极子源和能够产生尾流的游动小龙虾。2019 年，Tang 等[62] 将 8 个压强传感器组成的阵列安装在椭圆形水下航行器的表面［见图 1.12（b）］进行近场探测，同时进行仿真实验，通过将自由表面波方程的运动学和动力学条件线性化，振荡源产生的压力场就可模拟一个水下压力源。最终，人工侧线测得的压力场数据与仿真结果相吻合。

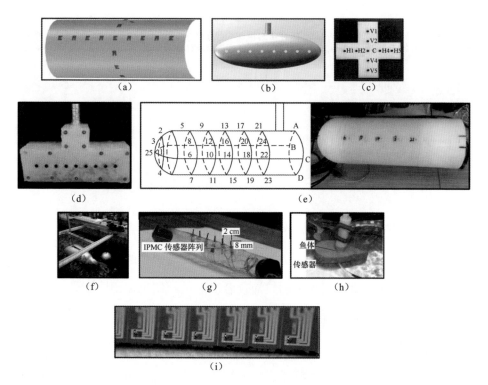

图1.12 偶极子振荡源检测研究所使用的人工侧线载体

2018 年，Zheng 等[63] 制作了一个由 9 个压强传感器组成的人工侧线，他们将传感器单元排列成"十"字［见图 1.12（c）］，用于定位偶极子源。在处理非线性模式识别问题时，他们采用了广义回归神经网络方法，这一方法在检测近场偶极子时效果很好。此外，Lin 等[64] 还将 9 个压强传感器排成一条直线［见图 1.12（d）］，对偶极子源产生的压力场进行了建模工作，根据压强传感器获得的信息，利用最小二乘法计算出了偶极子源的位置。Ji 等[65] 使用直线排列的人工侧线阵列进行实验，用基于空间频谱估计的方法实现了高精度偶极子源定位，并将其称为多重信号分类方法。此外，他们还提出了一种最小方差无失真响应方法，改进了过去的自适应波束成形算法。在进一步的研究中，多重信号分类方法还能够被用于定位两个相邻的偶极子源。2019 年，为了评估上述两种方法（最小二乘法和多重信号分类方法）的定位性能，Ji 等[66] 从定量的角度建立了克拉默 - 拉奥下界模型，这一模型能够在使用最少数量的传感器的条件下，设计出合理的传感器间距与分布方式。

2018 年，Liu 等[67] 制作了一个由 25 个高精度压强传感器组成的人工侧线［见图 1.12（e）］。他们通过欧拉方程和二维势流理论建立了偶极子源的数学模型，描述了偶极子源的振荡特征参数与水下航行器体表压力变化的关系。他们通过神经网络成功地定位了偶极子源，并且估计了偶极子源振动的频率和幅度。仿真和实验结果的一致性也证明了该方法的有效性。

2018 年，Yen 等[68] 基于势流理论，提出了一种跟踪振荡源产生的周期性尾流的方法。在这个模型中，机器鱼的尾鳍被视为振荡源。通过从传感器［见图 1.12（f）］所测得的总压力减去机器鱼尾鳍摆动产生的压力，得到振荡源产生的压力波动。基于这一原理，他们设计了一种让机器鱼根据相位差调整摆动幅度、频率、偏航角的控制方法。这种方法有助于实现机器鱼对真实鱼类或鱼群的跟踪。

以上的研究成果都是基于压阻式人工侧线传感器的结果，除此之外，流量传感器和基于其他感知原理的传感器也被用于检测偶极子源。

Dagamseh 等[69-72] 使用人工纤毛流量传感器阵列检测气流的水平和垂直速度分量，建立了偶极子源在空气中产生的速度场的模型，并估计了偶极子源的距离。2013 年，他们又采用了波束成形技术，改善了传感器阵列的性能[73]。

此外，Asadnia 等[33] 在 2013 年使用 2×5 的薄膜压电式人工侧线传感器阵列［见图 1.7（a）］进行水下探测。当偶极子以 15 Hz 的频率振荡并且平行于传感器阵列移动时，通过对传感器输出的最大峰值的处理，近似估计出了偶极子源的位置。在检测偶极子源产生的流动速度时，该阵列的分辨力为 3 mm/s。

2011 年，Abdulsadda 等 [36] 基于 IPMC 的传感能力，制作了一种人工侧线传感器阵列［见图 1.7（c）］。他们利用神经网络处理传感器信号，这一点与鱼类的生物学行为是相似的。实验证明，这种人工侧线系统可以有效地定位偶极子源和摆动的尾鳍。此外，随着传感器数量的增多，定位结果也越精确。2013 年，通过对偶极子源产生的流场的建模分析，他们提出了另外两种算法——高斯 - 牛顿迭代法和线性牛顿 - 拉夫森迭代法，用于解决非线性条件下的位置估计问题。这两个算法被用于求解一阶最优条件下的非线性方程，实现了对偶极子源的定位，并且估计了振荡的幅度与方向。此外，他们基于对克拉默 - 拉奥下界模型的分析改进了人工侧线传感器的间距设计［见图 1.12（g）］。进行实验时，他们在传感器阵列的周围按椭圆形放置了 19 个偶极子源［见图 1.12（h）］，仿真和实验结果均证明了定位结果的准确性 [74-76]。为了进一步减少不确定性对测量和流动模型的影响，从而准确地定位偶极子振荡源，Ahrari 等 [77] 又提出了采用双层优化方法来优化人工侧线的设计参数。

2006 年，Pandya 等 [44] 在利用热线式流速传感器检测偶极子源方面提出了一种新的方法。1.2 节介绍了他们制作的热线式人工侧线［见图 1.10（a）］。他们将模板训练方法和基于最小均方差算法的建模方法相结合，实现了对于振荡偶极子源定位和跟踪。

2007 年，Yang 等 [20] 也利用热线式人工侧线［见图 1.12（i）］来定位和跟踪偶极子源，人工侧线测量到的偶极子源产生的压力场与理论仿真结果保持一致。在进行跟踪实验时，他们将圆柱体放置在流速为 0.2 m/s 的稳态流动中，尾部产生以卡门涡街为主要特征的流动，人工侧线系统能够在这样的流动条件下实现跟踪行为。

2019 年，Wolf 等 [78-79] 用 8 个纯光学传感器组成的二维阵列来测量水下物体产生的速度场，并且采用前馈神经网络和递归神经网络来定位物体。

此外，他们基于流场信息，利用极限学习机器神经网络，实现了对近场物体的分类。与其他二维传感器阵列相比，这种方法能够提供更多有关物体形状的信息[80]。

前面重点讨论了人工侧线在定位和跟踪偶极子源上的应用，表1.3所示为对相关研究成果的总结。偶极子振荡源引起的流动只是流动的最基本形式之一，它与真实鱼类游动产生的尾流是类似的。基于上述结果，我们还可以进行自然环境下的实验，将人工侧线安装在机器鱼上，进行模拟真实鱼或者鱼群的定位与跟踪实验。

表1.3　人工侧线在振荡偶极子源检测方面的研究成果

相关文献	人工侧线传感器	方法
Yang 等 (2010)[23]	15 个压强传感器	波束成形算法
Tang 等 (2019)[62]	8 个压强传感器	线性化自由表面波方程的运动学和动力学条件
Zheng 等 (2018)[63]	9 个压强传感器（"十"字排列）	广义回归神经网络方法
Lin 等 (2018)[64]	9 个压强传感器（直线排列）	最小二乘法
Ji 等 (2018)[65]		空间频谱估计、最小方差无失真响应方法
Ji 等 (2019)[66]		克拉默－拉奥下界模型
Liu 等 (2018)[67]	25 个压强传感器	欧拉方程、二维势流理论、神经网络
Yen 等 (2018)[68]	1 个 PVDF 压强传感器	势流理论
Dagamsesh 等 (2009)[69-70] Dagamsesh 等 (2010)[71-72] Dagamsesh 等 (2013)[73]	人工纤毛流量传感器阵列	基于水流水平、垂直速度分量的波束成形技术
Asadnia 等 (2013)[33]	2×5 的压强传感器阵列	最大峰峰值处理
Abdulsadda 等 (2011)[36]	5 个 IPMC 压电式传感器	神经网络
Abdulsadda 等 (2013)[74] Abdulsadda 等 (2012)[75-76]	6 个 IPMC 压电式传感器	高斯－牛顿迭代法和线性牛顿－拉夫森迭代法

续表

相关文献	人工侧线传感器	方法
Ahrari 等 (2016)[77]	流速传感器	双层优化方法
Pandya 等 (2006)[44]	16 个热线式流速传感器	模板训练方法和基于最小均方差算法的建模方法
Yang 等 (2007)[20]	热线式传感器	幅值提取
Wolf 等 (2019)[78-79] Wolf 等 (2020)[80]	8 个纯光学传感器	前馈神经网络和递归神经网络

1.5　基于人工侧线系统的水下机器鱼的流场辅助控制

　　侧线感知对鱼类的生存起着重要的作用，它启发了无数的科研人员致力于研究搭载有人工侧线的机器鱼。前面的几节主要介绍了静态人工侧线的水下应用。如果机器鱼都像真实鱼类一样运动起来，那么感知难度将大大增加。在人工侧线传感器的帮助下，如果机器鱼能够准确有效地获取水流的流动信息，在未来就有可能利用这些信息，让机器鱼实现类似于真实鱼类的智能体自主决策。目前，相关领域已有一定的研究成果，如运动模式识别、运动参数（速度和方向）的估计与控制、障碍物的识别与避障、邻近机器鱼的感知以及能量节省等。图 1.13 所示为本节研究中使用的装有人工侧线系统的水下航行器或机器鱼。

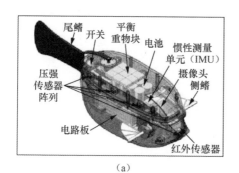
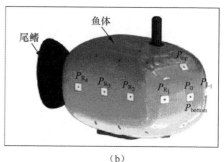

（a）　　　　　　　　　　　（b）

图1.13　机器鱼流场辅助控制研究所使用的人工侧线载体

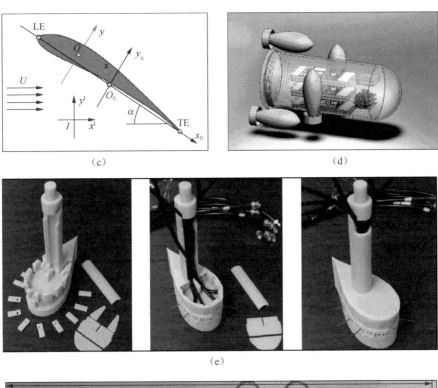

(c)
(d)
(e)

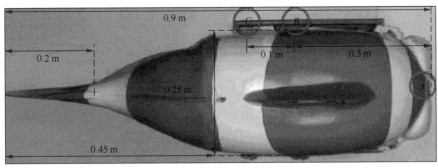

(f)

图1.13 机器鱼流场辅助控制研究所使用的人工侧线载体（续）

2013 年，Akanyeti 等 [81] 首先研究了人工侧线处于运动情形下的水下感知问题。他们基于伯努利方程，提出了根据所测压力计算水的运动速度与加速度的公式，为后续的研究奠定了坚实的基础。此外，Chambers 等 [82] 对比了静止的、垂直运动的、水平运动的人工侧线用于局部感知的效果。他们得出的结论是，人工侧线在运动状态的性能比静止状态更好。因此，搭载有人工侧线的、运动的机器鱼能够提供更有价值的实验数据，以供后续研究参考。Kruusmaa 等[83]利用该机器鱼体表的人工侧线获取周围流场的信息，这些信息能够反映出流场特征与机器鱼的运动特征，可进一步为机器鱼的自主控制提供新的思路。在本节中，我们将分类介绍基于人工侧线系统的对水下机器鱼的流场辅助控制。

1.5.1　运动模式识别

2014 年，Liu 等[84]通过对实验数据的分析，发现机器鱼［见图 1.13（a）］在以不同的模态（直游、转弯、上升、下潜等）运动时，能够感知到具有不同特征的压力信息。基于从 9 个压强传感器所测数据中提取的特征点，他们采用减法聚类算法来识别机器鱼的运动模态。这个方法能够帮助控制人员快速获得机器鱼的运动状态，为后续迅速完成控制决策打下基础。

2020 年，Zheng 等[85]实现了对搭载有 11 个压强传感器的机器鱼的运动参数估计［见图 1.13（b）］。当机器鱼在做直线运动、转弯运动、升降运动、盘旋运动时，他们对于机器鱼的每一个运动状态，建立了描述线速度、角速度、运动半径等运动参数和表面动压变化的模型。机器鱼能够根据人工侧线测得的动压变化计算出自身的运动参数，进而预测自身运动轨迹。这项工作对未来实现机器鱼的自主轨迹控制具有重要意义。

1.5.2　运动参数（速度和方向）的估计与控制

2011 年，Kruusmaa 等[86]实现了机器鱼的趋流行为。他们基于压强传感器测得的数据，提出了一种线性控制律控制机器鱼调节尾鳍的摆动频率，以保持在稳态流动中的位置。2013 年，Salumäe 等[50]模仿虹鳟鱼的几何形状和游动方式，制造了一条长 50 cm 的机器鱼［见图 1.11（a）］，并给出了速度的估算公式。实验也证明了该公式的准确性。受布赖滕贝格

（Braitenberg）小车的启发，他们在机器鱼头部两侧安装了两个压强传感器，用于检测游动时两侧的压力差[87]。机器鱼能够根据压力差及时调整游动参数。最终，他们实现了机器鱼在稳态水流和物体后方的位置估计和位置稳定保持[50]。

2015 年，Lagor 等[88-90] 提出了一种检测流速和攻角的新方法。他们制作了一种类似于茹柯夫斯基翼型的新型柔性机器鱼［见图 1.13（c）］，该机器鱼的体表装有分布式压强传感器。他们用递归贝叶斯滤波器来处理压力数据，估计流速与攻角。最后，他们将基于平均模型的、用于攻角驱动的逆映射前馈控制器与基于估计得出的水流流场信息的比例积分反馈控制器相结合，实现了对机器鱼的闭环速度控制。

Xie 等[91]模仿箱鲀的几何形状和游动模式，设计了一种机器鱼［见图 1.13（a）］，机器鱼上装载有由 11 个压强传感器和惯性测量单元组成的人工侧线。前者用于局部水流流场动压的数据采集，后者则用于测量机器鱼游动时的俯仰角、偏航角和侧倾角。他们在 2015 年根据伯努利定理提出了机器鱼游动速度的估计公式。为了减少由于传感器的精度不足和不稳定性引起的误差，他们采用了最佳信息融合分散滤波器，并通过人工侧线和惯性测量单元的局部滤波器进行了数据修正。此外，在 2016 年，他们又提出了一个包括分布压力和角速度的非线性模型来估计机器鱼的速度[92]。

1.5.3　障碍物的识别与避障

避障问题也是机器鱼在水下游动的过程中必须要解决的问题。这一方面也有许多研究成果。Martiny 等[93] 在 2009 年对此进行了深入的研究。他们制作了装配有 4 个热线式人工侧线传感器的自主水下航行器［见图 1.13（d）］。他们在理论上和实验上证明了利用测得的水下航行器周围的局部水流速度，能够得出障碍物与航行器之间的距离。

Lagor 等[90] 在 2015 年制作了一种搭载人工侧线传感器的机器鱼 [见图 1.13（e）]。他们基于势流理论，在流速均匀且上游有障碍物的情况下，模拟了机器鱼周围的水流流场，并且从理论上基于测量到的局部水流的流速和压力变化，推导出了对自由流速、攻角和障碍物相对位置的非线性估计模型。他们还提出可使用递归贝叶斯滤波器来实现机器鱼游动方向与位置的稳定。

2017 年，Yen 等[94] 在障碍物识别和导航方面也有所突破。他们使用装载着 3 个人工侧线传感器的机器鱼 [见图 1.13（f）] 来测量周围水流流场中的压力变化。在此基础上，他们提出了一种控制机器鱼沿着直线壁面游动的方法。从理论上来看，机器鱼的尾鳍被视为一个振荡偶极子，通过镜像的方法引入壁面的效应，在他们提出的控制策略下，机器鱼能够对压力变化作出响应，保持与壁面的距离。这项研究给出了速度与壁面效应之间的定性关系。

1.5.4 邻近机器鱼的感知

目前对于人工侧线的研究不仅局限于对于单个机器鱼的研究，多个机器鱼相互间的感知与集群控制也是一个很有前景的研究方向。Wang 等[95] 在这个领域得出了许多成果。2015 年，他们通过实验得出结论：借助人工侧线系统，机器鱼 [见图 1.13（a）] 能够感知到前方机器鱼的尾鳍摆动频率以及两条机器鱼之间的距离。2017 年，他们使用人工侧线系统感知由相邻机器鱼产生的反向卡门涡街，通过对压力变化信息的提取，可以估计出相邻机器鱼的尾鳍摆动频率、幅度、偏航角，也能得到两条机器鱼的相对位置信息，如相对垂直距离、相对偏航角、相对俯仰角、相对侧倾角等[96]。这一成果为未来的集群感知与控制研究奠定了坚实的基础。

2019 年，Zheng 等[97] 利用图 1.13（b）所示的机器鱼进行了邻近感知实

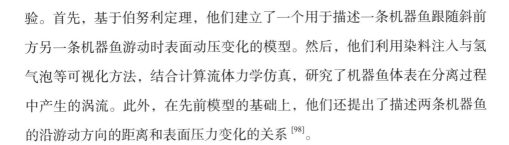

验。首先，基于伯努利定理，他们建立了一个用于描述一条机器鱼跟随斜前方另一条机器鱼游动时表面动压变化的模型。然后，他们利用染料注入与氢气泡等可视化方法，结合计算流体力学仿真，研究了机器鱼体表在分离过程中产生的涡流。此外，在先前模型的基础上，他们还提出了描述两条机器鱼的沿游动方向的距离和表面压力变化的关系[98]。

1.5.5 其他研究

除了上述领域，人工侧线在机器鱼控制的其他方面也有一些应用。在定位方面，Muhammad 等[99] 通过流量特征提取和流动特性比较的方法得到了初步结果。在此基础上，他们于 2015 年提出了一种水下地理感知技术。这项技术使得机器鱼能在半自然或自然环境中识别出曾经到达过的位置。2017年，Muhammad 等[100] 提出了一种基于地图的定位技术。他们使用计算流体力学模型来重建所处环境的流场速度分布图，再根据人工侧线系统获取的水流信息，分析得到机器鱼所处的位置。

在能量消耗方面，Salumäe 等[50] 在 2013 年进行了一项对照实验，他们将机器鱼以恒定的速度分别放置在圆柱体和长方体后面游动。结果表明，机器鱼在长方体后面游动消耗的能量较少。他们认为，这种现象是由于圆柱体后方存在明显的低压区引起的。

1.5.6 人工侧线在水下机器鱼控制方面的研究总结

在本节中，我们重点介绍了人工侧线在水下机器鱼控制方面的应用，表 1.4 总结了以上不同类别的控制研究。这部分研究的局限性与前几节相似，水下机器鱼大部分都是静态的或以简单的状态移动，如实验室环境中的直线运动和转弯运动。然而，真实鱼类的运动和真实水下环境会复杂得多，这极大地增加了水下感知与控制的难度。为了解决这个问题，我们需要优化感知系统的性能并建立用于自然环境研究的新型控制算法。另外，水下障碍物的识别为环境的重构提供了一种新的思路，邻近机器鱼感知的结果也可以作为多体控制的基础，这两个研究方向都可以作为未来研究的热点。

表1.4　人工侧线在水下机器鱼控制方面的研究总结

研究方向	相关文献	人工侧线传感器	环境类型
运动模式识别	Liu 等 (2014)[84]	9 个压强传感器 (CPS131)	实验室环境
	Zheng 等 (2020)[85]	11 个压强传感器 (MS5803–14BA)	实验室环境
游动方向感知与保持	Salumäe 等 (2012)[87] Salumäe 等 (2013)[50]	5 个压强传感器 (Intersema MS5407–AM)	实验室环境
	Lagor 等 (2013)[88]	MikroTip 导管压强传感器	实验室环境
	Lagor 等 (2015)[89]	6 个压强传感器 (Servoflo MS5401–BM)	实验室环境
	Lagor 等 (2015)[90]	8 个 IPMC 传感器和 4 个嵌入式压强传感器	实验室环境
游速估计	Salumäe 等 (2013)[50]	5 个压强传感器 (Intersema MS5407–AM)	实验室环境
	Xie 等 (2015)[91] Xie 等 (2016)[92]	11 个压强传感器 (Consensic CPS131)	实验室环境
	Lagor 等 (2013)[88]	MikroTip 导管压强传感器	实验室环境
	Lagor 等 (2015)[89]	6 个压强传感器 (Servoflo MS5401–BM)	实验室环境
	Lagor 等 (2015)[90]	8 个 IPMC 传感器和 4 个嵌入式压强传感器	实验室环境
位置保持	Salumäe 等 (2013)[50]	5 个压强传感器 (Intersema MS5407–AM)	实验室环境
定位	Muhammad 等 (2015)[99]	14 个压强传感器 (Intersema MS5407–AM)	自然环境
	Muhammad 等 (2017)[100]	16 个压强传感器	自然环境
障碍物的识别与避障	Lagor 等 (2015)[90]	8 个 IPMC 传感器和 4 个嵌入式压强传感器	实验室环境
	Martiny 等 (2009)[93]	4 个压强传感器	自然环境
	Yen 等 (2018)[94]	3 个压强传感器 (MS5803–01BA)	实验室环境
邻近机器鱼的感知	Wang 等 (2015)[95] Wang 等 (2017)[96]	9 个压强传感器 (MS5803–01BA)	实验室环境
	Zheng 等 (2019)[97–98]	11 个压强传感器 (MS5803–01BA)	实验室环境
能量消耗	Salumäe 等 (2014)[50]	5 个压强传感器 (Intersema MS5407–AM)	实验室环境

1.6　讨论

在前面几节中，我们概述了基于不同传感原理的人工侧线传感器以及其在水下环境信息感知和涡街检测、偶极子振荡源检测、水下机器鱼的流场辅助控制中的应用。虽然鱼类侧线为人工侧线传感器的设计与水下探测提供了灵感，但是另一方面，真实侧线的卓越感知能力也对人工侧线系统的性能提出了很高的要求。关于人工侧线的研究已经有了许多的成果，但是现有的人工侧线系统的性能仍然与真实的鱼类侧线相去甚远。

从灵敏度、稳定性、协调性、信息处理能力等许多方面来看，目前的人工侧线传感器都无法与鱼类在亿万年进化过程中获得的感知能力相提并论。在灵敏度方面，我们可以优化敏感元件的设计，充分利用谐振频率。至于稳定性，我们需要考虑传感器在不同温度和压力条件下的测量误差。此外，在恶劣的水下环境中，我们还需要对人工侧线传感器进行必要的防水设计。新型材料的出现和微加工技术的发展能够给这两个问题带来一些解决方案。我们不仅需要提高单个人工侧线传感器的性能，而且需要加强传感器阵列的协调作用。现有的人工侧线传感器阵列主要由单一类型的传感器（压强传感器或流量传感器）组成，并且排列规整，这与真实鱼类侧线的神经丘分布有着很大的不同。真实的侧线由表面神经丘和管道神经丘组成，并且具有特定的分布方式，能够最大限度地去获取流场信息。受此启发，我们可以同时使用压强传感器和流量传感器甚至还有其他类型的传感器，这是优化人工侧线性能的一种潜在方法。此外，我们还需要提出评价人工侧线性能的指标，用来找出传感器在机器鱼表面的最优分布。在信息处理方面，鱼类侧线能够感知多元信息并迅速作出反应，随着侧线硬件的发展，我们也需要相应的高效感知算法。在对速度测量和偶极子源检测的研究中，已经有了许多算法，但是人工侧线的感知能力并不应该仅限于此。它有潜力感知障碍物、鱼群，甚至可以自主构建周围的水环境结构，这是未来实现机器鱼自主控制、自主导航的基础。

对于水下环境信息感知和涡街检测，基于人工侧线系统的研究已经得到了许多成果。然而，现有的结果主要是在实验室环境下得到的，在实验室环境下，所有搭载人工侧线的载体运动都很简单，如静止和直线运动，并且水环境都很稳定。相比之下，真实鱼类的运动和自然水下环境要复杂得多，这将大大增加实验的难度。随着人工侧线传感器的发展，为了提升人工侧线系统的性能，达到与鱼类侧线相同的水平，自然环境下的实验是必不可少的。

在偶极子振荡源检测中，目前已有许多算法。振荡流是最基本的流动之一，可以用来模拟鱼尾摆动产生的尾流，这对于进一步研究对真实鱼类的定位和轨迹跟踪有着十分重要的意义。但是，振荡流和鱼尾流的符合程度还需要进行进一步讨论。在未来，我们可以进行更多的有关鱼类甚至鱼群的定位与跟踪实验，让机器鱼能够模仿更多真实鱼类的行为。

水下机器鱼的流场辅助控制是一个前景十分可观的研究方向，未来在海洋勘探中可以得到广泛的应用。目前的首要任务是基于流体力学理论或数据驱动方法建立机器鱼的运动模型，这有助于机器鱼在无法使用视觉的情况下完成运动模式的自我识别与轨迹估计。这一模型的建立可以为后续的控制策略提供理论指导。此外，障碍物的识别与避障是实现机器鱼自主控制必须要解决的难题。根据识别到的障碍物的位置，机器鱼能够重建周围的环境并且规划最佳导航路径。除了对单条机器鱼的控制外，借助人工侧线系统，还可以研究机器鱼群的相互感知与集群控制，这可以极大地提高水下探索的效率与水下任务的成功率。

在未来，我们需要开发性能更好的传感器单元，并且优化人工侧线在机器鱼表面的分布，将高性能传感器阵列和高效信号处理算法相结合，机器鱼的感知能力将得到大幅度提升，甚至有可能展现出接近真实鱼类的感知能力。强大的感知能力是在复杂自然环境进行实验的基础。我们还有必要提出一种通用的控制算法，用于基于人工侧线系统实现机器鱼的自主控制。此外，对水下障碍物的识别为水下环境重建提供了新的思路，这对于机器鱼的水下路径规划与导航具有重要意义。以上都是针对单鱼进行的研究，但是人工侧线系统的功能不仅限于此，其在机器鱼集群控制中的应用也可能会成为未来的焦点问题。随着新型材料的出现、先进制造技术与人工智能的发展，人工侧线系统在未来有着巨大的上升空间。

1.7　本书主要研究内容和章节安排

近年来，北京大学智能仿生设计实验室在仿生机器鱼及人工侧线系统方面进行了大量的研究工作，本书涉及的主要研究内容如下。

（1）研究单机器鱼在做自由游动时，如何基于人工侧线数据，对自身的运动参数及轨迹进行估计。这项工作使用了运动的人工侧线载体，发掘了人工侧线系统在水下探测中的潜力，同时也为机器鱼后续的定位、导航研究打下基础。

（2）研究一前一后固定放置的双邻近机器鱼在稳定来流中，如何基于人工侧线数据，对相对位置参数、相对姿态参数进行感知与估计。这项工作将人工侧线系统从单机器鱼应用拓展到多机器鱼应用，我们相信在后续进行的集群感知研究中，人工侧线系统也会占据一席之地。

（3）研究组成人工侧线系统的压强传感器对外界流场变化的敏感度，详细讨论了用于数据分析的压强传感器数量的冗余与不足，以求最大程度上利用人工侧线获取水下信息。这项工作能够使我们的人工侧线系统从分布与性能的角度，更好地接近真实鱼类的侧线，从人工侧线自身的角度推动人工侧线系统的发展。

各章的具体内容如下。

第1章为人工侧线系统及其应用综述，让读者从宏观的角度了解人工侧线系统的发展与应用。

第2章介绍基于仿生机器鱼载体进行的人工侧线系统感知研究成果。这一章介绍自主设计的两款仿箱鲀机器鱼，内容包括其机械设计、电气系统设计、人工侧线系统组成、测试结果等。根据两款机器鱼不同的结构特点与驱动特点，我们分别开展不同的研究。

第3章介绍人工侧线在自由游动单机器鱼的运动参数与轨迹估计中的应用。对机器鱼的轨迹估计问题，除了可以从严格的动力学角度出发外，我们还可以基于人工侧线测得的压力数据，利用数据驱动的方式，得到一种更为简单的运动参数与轨迹估计方法。本章研究了机器鱼的直线运动、转弯运动、上升运动以及盘旋运动，能够估计得到的运动参数包括线速度、角速度、运动半径、运动轨迹等。具体来说，对于每一种运动，我们首先基于伯努利方程确定了一个关联机器鱼运动参数和体表压力变化量的模型。然后，我们采用线性回归分析确定模型中参数的具体数值。基于确定后的压力变化量模型，利用人工侧线测得的压力变化量数据，可以反解得到对应的运动参数。最后，利用这些运动参数，可以大致计算出机器鱼的运动轨迹。实验结果表明了这一方法的可行性与准确性。

第4章将人工侧线的研究从单机器鱼拓展到双机器鱼，基于位置一前一后固定的两条机器鱼，介绍了后鱼如何通过人工侧线感知前鱼摆尾产生的反卡门涡街，从而感知相对位置与姿态。由于摆尾产生的反卡门涡街，水的流场中的瞬时压力会发生规律性的变化。我们通过提取人工侧线测得的数据，分析了邻近机器鱼的摆动频率、摆动幅度、摆动偏置，双邻近机器鱼之间的相对偏航角、俯仰角、横滚角，以及相对深度位置与压强数据的关系。这些结果反映出了反卡门涡街的水动力学特征，验证了人工侧线系统在邻近机器鱼局部信息感知中的有效性，也在一定程度上说明了人工侧线具备实现水下机器鱼近距离感知和群体协作的潜力。

在第4章结果的基础上，第5章介绍了一个可以使得邻近双机器鱼基于人工侧线传感器数据反解相对位姿信息的回归模型，并且提出了用于评估人工侧线系统各个压强传感器对相对位姿信息敏感程度的两种判据，衡量传感器在感知不同信息时的效用。首先，我们利用四种典型的回归分析方法，包括多元线性回归、随机森林、支持向量回归，以及反向传播神经网络构建上述的回归模型。接着通过对回归效果的详细讨论与对比，最终确定最佳的回归方法为随机森林。最后，我们基于随机森林进行了对邻近双鱼相对偏航角和摆动幅度估计实验，结果表明，随机森林回归模型对上述两种相对状态具备良好的评估效果。这项工作对水下机器人群体之间的局部状态估计有着重要的意义，也在这个领域迈出了崭新的一步。

最后，我们对本书所展示的结果进行了总结，并且提出了人工侧线感知技术可能的发展方向与应用前景。

本章小结

本章首先简要介绍了鱼类侧线的形态和机理。然后，我们重点介绍了受鱼类侧线启发的仿生技术的研究进展，总结了基于不同感知原理的人工侧线传感器。这些传感器的出现为流场检测提供了一种新的方法。这种检测方法相比于传统方法，能够更好地适应水下环境。研究人员已经将传感器安装在水下航行器或机器鱼的表面，进行一些水下探测研究。在水下环境信息感知方面，流场分类、流速和方向检测、涡街特性检测等领域都已取得了长足的进步。另外，目前还有多种算法来定位振荡偶极子源。最后介绍了人工侧线系统用于水下机器鱼流场辅助控制方面的研究。

参考文献

[1]　TRIANTAFYLLOU M S, TRIANTAFYLLOU G S. An efficient swimming machine[J]. Scientific American, 1995, 272(3):64-70.

[2]　YU J Z, LIU L Z, WANG L, et al. Turning control of a multilink biomimetic robotic fish[J]. IEEE Transactions on Robotics, 2008,24(1): 201-206.

[3]　LIANG J H, WANG T M, WEN LI. Development of a two-joint robotic fish for real-world exploration[J]. Journal of Field Robotics, 2011, 28(1):70-79.

[4]　WANG W, XIE G M. Online high-precision probabilistic localization of robotic fish using visual and inertial cues[J]. IEEE Transactions on Industrial Electronics, 2014, 62(2):1113-1124.

[5]　YU J Z, WANG M, TAN M, et al. Three-dimensional swimming[J]. IEEE Robotics & Automation Magazine, 2011, 18(4): 47-58.

[6]　CRESPI A, LACHAT D, PASQUIER A, et al. Controlling swimming and crawling in a fish robot using a central pattern generator[J]. Autonomous Robots, 2008, 25: 3-13.

[7]　SEO K, CHUNG S J, SLOTINE J J E. CPG-based control of a turtle-like underwater vehicle[J]. Autonomous Robots, 2010, 28(3):247-269.

[8]　IJSPEERT A J, CRESPI A, RYCZKO D, et al. From swimming to walking with a salamander robot driven by a spinal cord model[J]. Science, 2007, 315(5817):1416-1420.

[9]　MOGDANS J, BLECKMANN H. Coping with flow: behavior, neurophysiology and modeling of the fish lateral line system[J]. Biological Cybernetics, 2012, 106: 627-642.

[10]　NORTHCUTT R G. The phylogenetic distribution and innervation of craniate mechanoreceptive lateral lines[M]// COOMBS S，GÖRNER P，MÜNZ H. The mechanosensory lateral line neurobiology and evolution. New York: Springer, 1989: 17-78.

[11]　LIU G J, WANG A Y, WANG X B, et al. A review of artificial lateral line in sensor fabrication and bionic applications for robot fish[J]. Applied Bionics and Biomechanics, 2016. DOI: 10.1155/2016/4732703.

[12]　MARUSKA K P. Morphology of the mechanosensory lateral line system in elasmobranch fishes: ecological and behavioral considerations[J]. Environmental Biology of Fishes, 2001, 60: 47-75.

[13]　COOMBS S, JANSSEN J, WEBB J F. Diversity of lateral line systems: evolutionary and

functional considerations[M]// ATEMA J, FAY R R, POPPER A N, et al. Sensory biology of aquatic animals. New York: Springer, 1988: 553-593.

[14] MÜNZ H. Morphology and innervation of the lateral line system in Sarotherodon niloticus (L.)(cichlidae, teleostei)[J]. Zoomorphologie, 1979, 93: 73-86.

[15] TAN S Z. Underwater artificial lateral line flow sensors[J]. Microsystem Technologies, 2014, 20(12): 2123-2136.

[16] VAN NETTEN S M. Hydrodynamic detection by cupulae in a lateral line canal: functional relations between physics and physiology[J]. Biological Cybernetics, 2006, 94(1): 67-85.

[17] MCHENRY M J, STROTHER J A, VAN NETTEN S M. Mechanical filtering by the boundary layer and fluid-structure interaction in the superficial neuromast of the fish lateral line system[J]. Journal of Comparative Physiology A, 2008, 194(9): 795-810.

[18] FAN Z F, CHEN J, ZOU J, et al. Design and fabrication of artificial lateral line flow sensors[J]. Journal of Micromechanics and Microengineering, 2002, 12(5): 655-661.

[19] CHEN J, FAN Z F, ZOU J, et al. Two-dimensional micromachined flow sensor array for fluid mechanics studies[J]. Journal of Aerospace Engineering, 2003, 16(2): 85-97.

[20] YANG Y C, CHEN N N, TUCKER C, et al. From artificial hair cell sensor to artificial lateral line system: development and application[C]//2007 IEEE 20th International Conference on Micro Electro Mechanical Systems (MEMS). Piscataway, USA: IEEE, 2007: 577-580.

[21] CHEN N N, CHEN J, ENGEL J, et al. Development and characterization of high-sensitivity bioinspired artificial haircell sensor[C]//2006 International Solid-State Sensors, Actuators and Microsystems Conference. Piscataway, USA: IEEE, 2006, 6: 4-8.

[22] CHEN N N, TUCKER C, ENGEL J M, et al. Design and characterization of artificial haircell sensor for flow sensing with ultrahigh velocity and angular sensitivity[J]. Journal of Microelectromechanical Systems, 2007, 16(5): 999-1014.

[23] YANG Y C, NGUYEN N, CHEN N N, et al. Artificial lateral line with biomimetic neuromasts to emulate fish sensing[J]. Bioinspiration & Biomimetics, 2010, 5. DOI: 10.1088/1748-3182/5/1/01600.

[24] MCCONNEY M E, CHEN N N, LU D, et al. Biologically inspired design of hydrogel-capped hair sensors for enhanced underwater flow detection[J]. Soft Matter, 2009, 5(2): 292-295.

[25] QUALTIERI A, RIZZI F, TODARO M T, et al. Stress-driven aln cantilever-based flow sensor for fish lateral line system,2011, 88(8): 2376-2378.

[26] QUALTIERI A, RIZZI F, EPIFANI G, et al. Parylene-coated bioinspired artificial hair cell

for liquid flow sensing[J]. Microelectronic Engineering, 2012, 98: 516-519.

[27] KOTTAPALLI A G P, ASADNIA M, MIAO J, et al. Touch at a distance sensing: lateral-line inspired mems flow sensors[J]. Bioinspiration & Biomimetics, 2014, 9(4). DOI: 10.1088/1748-3182/9/4/046011.

[28] KOTTAPALLI A G P, BORA M, ASADNIA M, et al. Nanofibril scaffold assisted mems artificial hydrogel neuromasts for enhanced sensitivity flow sensing[J]. Scientific Reports, 2016, 6. DOI: 10.1038/srep19336.

[29] JIANG Y G, MA Z Q, FU J C, et al. Development of a flexible artificial lateral line canal system for hydrodynamic pressure detection[J]. Sensors, 2017, 17(6). DOI:10.3390/s17061220.

[30] FERNANDEZ V I, HOU S M, HOVER F S, et al. Lateral-line inspired mems-array pressure sensing for passive underwater navigation[R]. MIT Sea Grant Technical Reports, 2007.

[31] YAUL F M, BULOVIC V, LANG J H. A flexible underwater pressure sensor array using a conductive elastomer strain gauge[J]. Journal of Microelectromechanical Systems: A Joint IEEE and ASME Publication on Microstructures, Microactuators, Microsensors, and Microsystems, 2012, 21(4): 897-907.

[32] KOTTAPALLI A G P, ASADNIA M, MIAO J M, et al. A flexible liquid crystal polymer MEMS pressure sensor array for fish-like underwater sensing[J]. Smart Materials and Structures, 2012, 21(11). DOI: 10.1088/0964-1726/21/11/115030.

[33] ASADNIA M, KOTTAPALLI A G P, SHEN Z Y, et al. Flexible and surface-mountable piezoelectric sensor arrays for underwater sensing in marine vehicles[J]. IEEE Sensors Journal, 2013, 13(10): 3918-3925.

[34] ASADNIA M, KOTTAPALLI A G P, MIAO J M, et al. Artificial fish skin of self-powered micro-electromechanical systems hair cells for sensing hydrodynamic flow phenomena [J]. Journal of the Royal Society Interface, 2015, 12(111). DOI: 10.1098/ rsif.2015.0322.

[35] ASADNIA M, KOTTAPALLI A G P, KARAVITAKI K D, et al. From biological cilia to artificial flow sensors: Biomimetic soft polymer nanosensors with high sensing performance[J]. Scientific Reports, 2016, 6. DOI: 10.1038/srep32955.

[36] ABDULSADDA A T, TAN X B. Underwater source localization using an IPMC-based artificial lateral line[C]//2011 IEEE International Conference on Robotics and Automation. Piscataway, USA: IEEE, 2011: 2719-2724.

[37] KRIJNEN G, LAMMERINK T, WIEGERINK R, et al. Cricket inspired flow-sensor arrays[C]//IEEE 2007 SENSORS. Piscataway, USA: IEEE, 2007: 539-546.

[38] VAN BAAR J J, DIJKSTRA M, WIEGERINK R J, et al. Fabrication of arrays of artificial hairs for complex flow pattern recognition[C]//IEEE 2003 SENSORS. Piscataway, USA: IEEE, 2003, 1: 332-336.

[39] IZADI N, DE BOER M J, BERENSCHOT J W, et al. Fabrication of superficial neuromast inspired capacitive flow sensors[J]. Journal of Micromechanics and Microengineering, 2010, 20(8). DOI:10.1088/0960-1317/20/8/085041.

[40] STOCKING J B, EBERHARDT W C, SHAKHSHEER Y A, et al. A capacitancebased whisker-like artificial sensor for fluid motion sensing[C]//IEEE 2010 SENSORS. Piscataway, USA: IEEE, 2010: 2224-2229.

[41] ADRIAN K, BLECKMANN H. Determination of object position, vortex shedding frequency and flow velocity using artificial lateral line canals[J]. Beilstein Journal of Nanotechnology, 2011, 2(1): 276-283.

[42] GROßE S, SCHRÖDER W. The micro-pillar shear-stress sensor mps^3 for turbulent flow[J]. Sensors, 2009, 9(4): 2222-2251.

[43] WOLF B J, MORTON J A S, MACPHERSON W N, et al. Bio-inspired all-optical artificial neuromast for 2D flow sensing[J]. Bioinspiration & biomimetics, 2018, 13(2). DOI:10.1088/1748-3190/aaa786.

[44] PANDYA S, YANG Y C, JONES D L, et al. Multisensor processing algorithms for underwater dipole localization and tracking using MEMS artificial lateral-line sensors[J]. EURASIP Journal on Advances in Signal Processing, 2006. DOI: 10.1155/asp/2006/76593.

[45] YANG Y C, CHEN J, ENGEL J, et al. Distant touch hydrodynamic imaging with an artificial lateral line[J]. Proceedings of the National Academy of Sciences, 2006, 103(50): 18891-18895.

[46] CHEN J, ENGEL J, CHEN N N, et al. Artificial lateral line and hydrodynamic object tracking[C]//19th IEEE International Conference on Micro Electro Mechanical Systems. Piscataway, USA: IEEE, 2006: 694-697.

[47] LIU P, ZHU R, QUE R Y. A flexible flow sensor system and its characteristics for fluid mechanics measurements[J]. Sensors, 2009, 9(12): 9533-9543.

[48] VERMA S, PAPADIMITRIOU C, LÜTHEN N, et al. Optimal sensor placement for artificial swimmers[J]. Journal of Fluid Mechanics, 2020, 884. DOI: 10.1017/jfm.2019.940.

[49] XU D, LV Z Y, ZENG H N, et al. Sensor placement optimization in the artificial lateral line using optimal weight analysis combining feature distance and variance evaluation[J]. ISA Transactions, 2019, 86: 110-121.

[50] SALUMÄE T, KRUUSMAA M. Flow-relative control of an underwater robot[J].

Proceedings of the Royal Society A: Mathematical, Physical and Engineering Sciences, 2013, 469(2153). DOI:10.1098/rspa.2012.0671.

[51] TUHTAN J A, FUENTES-PÉREZ J F, TOMING G, et al. Man-made flows from a fish's perspective: autonomous classification of turbulent fishway flows with field data collected using an artificial lateral line[J]. Bioinspiration & Biomimetics, 2018, 13(4). DOI: 10.1088/1748-3190/aabc79.

[52] LIU G J, LIU S K, WANG S R, et al. Research on artificial lateral line perception of flow field based on pressure difference matrix[J]. Journal of Bionic Engineering, 2019, 16(6): 1007-1018.

[53] FUENTES-PÉREZ J F, TUHTAN J A, CARBONELL-BAEZA R, et al. Current velocity estimation using a lateral line probe[J]. Ecological Engineering, 2015, 85: 296-300.

[54] STROKINA N, KÄMÄRÄINEN J K, TUHTAN J A, et al. Joint estimation of bulk flow velocity and angle using a lateral line probe[J]. IEEE Transactions on Instrumentation and Measurement, 2015, 65(3): 601-613.

[55] TUHTAN J A, FUENTES-PÉREZ J F, TOMING G, et al. Flow velocity estimation using a fish-shaped lateral line probe with product-moment correlation features and a neural network[J]. Flow Measurement and Instrumentation, 2017, 54: 1-8.

[56] LIU G J, HAO H H, YANG T T, et al. Flow field perception of a moving carrier based on an artificial lateral line system[J]. Sensors, 2020, 20(5). DOI:10.3390/s20051512.

[57] REN Z, MOHSENI K. A model of the lateral line of fish for vortex sensing[J]. Bioinspiration & Biomimetics, 2012, 7(3). DOI: 10.1088/1748-3182/7/3/036016.

[58] VENTURELLI R, AKANYETI O, VISENTIN F, et al. Hydrodynamic pressure sensing with an artificial lateral line in steady and unsteady flows[J]. Bioinspiration & Biomimetics, 2012, 7(3). DOI: 10.1088/1748-3182/7/3/036004.

[59] FREE B A, PATNAIK M K, PALEY D A. Observability-based path-planning and flow-relative control of a bioinspired sensor array in a Karman vortex street[C]//2017 American Control Conference. Piscataway, USA: IEEE, 2017: 548-554.

[60] FREE B A, PALEY D A. Model-based observer and feedback control design for a rigid joukowski foil in a Karman vortex street[J]. Bioinspiration & Biomimetics, 2018, 13(3). DOI:10.1088/1748-3190/aaa97f.

[61] BLECKMANN H. Reception of hydrodynamic stimuli in aquatic and semiaquatic animals[M]. New York: Gustav Fischer Verlag, 1994.

[62] TANG Z J, WANG Z, LU J Q, et al. Underwater robot detection system based on fish's lateral line[J]. Electronics, 2019, 8(5). DOI: 10.3390/electronics8050566.

[63] ZHENG X D, ZHANG Y, JI M J, et al. Underwater positioning based on an artificial lateral line and a generalized regression neural network[J]. Journal of Bionic Engineering, 2018, 15(5): 883-893.

[64] LIN X, ZHANG Y, JI M J, et al. Dipole source localization based on least square method and 3D printing[C]//2018 IEEE International Conference on Mechatronics and Automation. Piscataway, USA: IEEE, 2018: 2203-2208.

[65] JI M J, ZHANG Y, ZHENG X D, et al. Resolution improvement of dipole source localization for artificial lateral lines based on multiple signal classification[J]. Bioinspiration & Biomimetics, 2018, 14(1). DOI: 10.1088/1748-3190/aaf42a.

[66] JI M J, ZHANG Y, ZHENG X D, et al. Performance evaluation and analysis for dipole source localization with lateral line sensor arrays[J]. Measurement Science and Technology, 2019, 30(11). DOI:10.1088/1361-6501/ab2a46.

[67] LIU G J, GAO S X, SARKODIE-GYAN T,et al. A novel biomimetic sensor system for vibration source perception of autonomous underwater vehicles based on artificial lateral lines[J]. Measurement Science and Technology, 2018, 29(12). DOI:10.1088/1361-6501/aae128.

[68] YEN W K, GUO J. Phase controller for a robotic fish to follow an oscillating source[J]. Ocean Engineering, 2018, 161: 77-87.

[69] DAGAMSEH A M K, LAMMERINK T S J, BRUININK C M, et al. Dipole source localisation using bio-mimetic flow-sensor arrays[J]. Procedia chemistry, 2009, 1(1): 891-894.

[70] DAGAMSEH A M K, LAMMERINK T S J, WIEGERINK R J, et al. A simulation study of the dipole source localisation applied on bio-mimetic flow-sensor linear array[C]//12th Annual Workshop on Semiconductor Advances for Future Electronics and Sensors (SAFE). Utrecht, the Netherlands: STW, 2009: 534-537.

[71] DAGAMSEH A M K, KRIJNEN G J M. Map estimation of air-flow dipole source positions using array signal processing[C]//Annual Workshop on Semiconductor Advances for Future Electronics and Sensors(SAFE 2010). Utrecht, the Netherlands: STW, 2010.

[72] DAGAMSEH A M K, LAMMERINK T S J, BRUININK C M, et al. Dipole-source localization using biomimetic flow-sensor arrays positioned as lateral-line system[J]. Sensors and actuators A: Physical, 2010, 162(2): 355-360.

[73] DAGAMSEH A, WIEGERINK R, LAMMERINK T, et al. Imaging dipole flow sources using an artificial lateral-line system made of biomimetic hair flow sensors[J]. Journal of the Royal Society Interface, 2013, 10(83). DOI: 10.1098/rsif.2013.0162.

[74] ABDULSADDA A T, TAN X B. Nonlinear estimation-based dipole source localization for artificial lateral line systems[J]. Bioinspiration & Biomimetics, 2013, 8(2). DOI:10.1088/1748-3182/8/2/026005.

[75] CHEN X F, ZHU G M, YANG X J, et al. Model-based estimation of flow characteristics using an ionic polymer–metal composite beam[J]. IEEE/ASME Transactions on Mechatronics, 2012, 18(3): 932-943.

[76] ABDULSADDA A T, TAN X B. Localization of a moving dipole source underwater using an artificial lateral line[J]. Proceedings of SPIE, 2012, 8339. DOI:10.1117/12.916440.

[77] AHRARI A, LEI H, SHARIF M A, et al. Design optimization of an artificial lateral line system incorporating flow and sensor uncertainties[J]. Engineering Optimization, 2017, 49(2): 328-344.

[78] WOLF B J, VAN NETTEN S M. Hydrodynamic imaging using an all-optical 2D artificial lateral line[C]//2019 IEEE Sensors Applications Symposium. Piscataway, USA: IEEE, 2019. DOI:10.1109/SAS.2019.8706030.

[79] WOLF B J, WARMELINK S, VAN NETTEN S M. Recurrent neural networks for hydrodynamic imaging using a 2D-sensitive artificial lateral line[J]. Bioinspiration & Biomimetics, 2019, 14(5).DOI: 10.1088/1748-3190/ab2cb3.

[80] WOLF B J, PIRIH P, KRUUSMAA M, et al. Shape classification using hydrodynamic detection via a sparse large-scale 2D-sensitive artificial lateral line[J]. IEEE Access, 2020, 8: 11393-11404.

[81] AKANYETI O, CHAMBERS L D, JEŽOV J, et al. Self-motion effects on hydrodynamic pressure sensing: part I. forward-backward motion[J]. Bioinspiration & Biomimetics, 2013, 8(2). DOI: 10.1088/1748-3182/8/2/026001.

[82] CHAMBERS L D, AKANYETI O, VENTURELLI R, et al. A fish perspective: detecting flow features while moving using an artificial lateral line in steady and unsteady flow[J]. Journal of the Royal Society Interface, 2014, 11(99). DOI: 10.1098/rsif.2014.0467.

[83] KRUUSMAA M, FIORINI P, MEGILL W, et al. Filose for svenning: a flow sensing bioinspired robot[J]. IEEE Robotics & Automation Magazine, 2014, 21(3): 51-62.

[84] LIU H L, ZHONG K, FU Y T, et al. Pattern recognition for robotic fish swimming gaits based on artificial lateral line system and subtractive clustering algorithms[J]. Sensors & Transducers, 2014, 182(11): 207-216.

[85] ZHENG X W, WANG W, XIONG M L, et al. Online state estimation of a fin-actuated underwater robot using artificial lateral line system[J]. IEEE Transactions on Robotics, 2020, 36(2): 472-487.

[86] KRUUSMAA M, TOMING G, SALUMÄE T, et al. Swimming speed control and on-board flow sensing of an artificial trout[C]//2011 IEEE International Conference on Robotics and Automation. Piscataway, USA: IEEE, 2011: 1791-1796.

[87] SALUMÄE T, RANÓ I, AKANYETI O, et al. Against the flow: a braitenberg controller for a fish robot[C]//2012 IEEE International Conference on Robotics and Automation. Piscataway, USA: IEEE, 2012: 4210-4215.

[88] LAGOR F D, DEVRIES L D, WAYCHOFF K M, et al. Bio-inspired flow sensing and control: autonomous underwater navigation using distributed pressure measurements[J]. Journal of Unmanned System Technology, 2013, 1(3): 78-88.

[89] ZHANG F T, LAGOR F D, YEO D, et al. Distributed flow sensing for closed-loop speed control of a flexible fish robot[J]. Bioinspiration & Biomimetics, 2015, 10(6). DOI: 10.1088/1748-3190/10/6/065001.

[90] DEVRIES L, LAGOR F D, LEI H, et al. Distributed flow estimation and closed-loop control of an underwater vehicle with a multi-modal artificial lateral line[J]. Bioinspiration & Biomimetics, 2015, 10(2). DOI: 10.1088/1748-3190/10/2/025002.

[91] WANG C C, WANG W, XIE G M. Speed estimation for robotic fish using onboard artificial lateral line and inertial measurement unit[C]//2015 IEEE International Conference on Robotics and Biomimetics (ROBIO). Piscataway, USA: IEEE, 2015: 285-290.

[92] WANG W, LI Y, ZHANG X X, et al. Speed evaluation of a freely swimming robotic fish with an artificial lateral line[C]//2016 IEEE International Conference on Robotics and Automation (ICRA). Piscataway, USA: IEEE, 2016: 4737-4742.

[93] MARTINY N, SOSNOWSKI S, KÜHNLENZ K, et al. Design of a lateral-line sensor for an autonomous underwater vehicle[J]. IFAC Proceedings Volumes, 2009, 42(18): 292-297.

[94] YEN W K, SIERRA D M, GUO J. Controlling a robotic fish to swim along a wall using hydrodynamic pressure feedback[J]. IEEE Journal of Oceanic Engineering, 2018, 43(2): 369-380.

[95] WANG W, ZHANG X X, ZHAO J W, et al. Sensing the neighboring robot by the artificial lateral line of a bio-inspired robotic fish[C]//2015 IEEE/RSJ International Conference on Intelligent Robots and Systems (IROS). Piscataway, USA: IEEE, 2015: 1565-1570.

[96] ZHENG X W, WANG C, FAN R F, et al. Artificial lateral line based local sensing between two adjacent robotic fish[J]. Bioinspiration & Biomimetics, 2017, 13(1). DOI: 10.1088/1748-3190/aa8f2e.

[97] ZHENG X W, XIONG M L, XIE G M. Data-driven modeling for superficial hydrodynamic pressure variations of two swimming robotic fish with leader-follower formation[C]//2019

IEEE International Conference on Systems, Man and Cybernetics (SMC) . Piscataway, USA: IEEE, 2019: 4331-4336.

[98] ZHENG X W, WANG M Y, ZHENG J Z, et al. Artificial lateral line based longitudinal separation sensing for two swimming robotic fish with leaderfollower formation[C]//2019 IEEE/RSJ International Conference on Intelligent Robots and Systems (IROS). Piscataway, USA: IEEE, 2019: 2539-2544.

[99] MUHAMMAD N, STROKINA N, TOMING G, et al. Flow feature extraction for underwater robot localization: preliminary results[C]//2015 IEEE International Conference on Robotics and Automation (ICRA). Piscataway, USA: IEEE, 2015: 1125-1130.

[100] FUENTES-PÉREZ J F, MUHAMMAD N, TUHTAN J A, et al. Map-based localization in structured underwater environment using simulated hydrodynamic maps and an artificial lateral line[C]//2017 IEEE International Conference on Robotics and Biomimetics (ROBIO). Piscataway, USA: IEEE, 2017: 128-134.

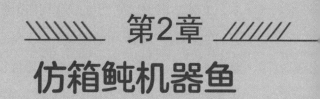

////// 第2章 //////
仿箱鲀机器鱼

　　受真实箱鲀启发，作者所在的课题组基于仿生学原理制作了两种不同的仿箱鲀机器鱼并开展了相关的实验探究。图 2.1 所示为真实的箱鲀，其外表形似盒子而常被人称为"盒子鱼"。与其他常见种类的鱼不同，箱鲀鱼体并不是流线型的。此外，箱鲀鱼体的边缘有一些独特的脊骨，相邻脊骨之间的表面呈现凹凸特征。已有的研究表明，在箱鲀游动的过程中，这种脊骨结构能使鱼体两侧产生涡。这些涡能够克服湍流对运动产生的扰动，让箱鲀在水流中保持姿态的稳定 [1-3]。在本章研究的机器鱼中，一款为高度模仿箱鲀壳体的仿箱鲀机器鱼，由多个鳍肢进行驱动；另一款为壳体简化成规则盒形的仿箱鲀机器鱼，由单尾鳍驱动，且内置重心调节重物块。考虑到多鳍肢驱动的仿箱鲀机器鱼壳体较好地模仿了自然界中箱鲀的外形特征，我们推断该机器鱼壳体周围也会产生上述的涡，这不仅会对机器鱼自身运动导致的水流流场变化产生影响，也会对尾鳍摆动产生的反卡门涡街造成一定的干扰。这些影响不利于后续开展的自由游动机器鱼的侧线感知研究，如基于人工侧线的机器鱼自主状态评估、基于人工侧线的多自由游动机器鱼邻近感知研究等，因此在这方面的研究中我们主要采用壳体简化成规则盒形的仿箱鲀机器鱼。

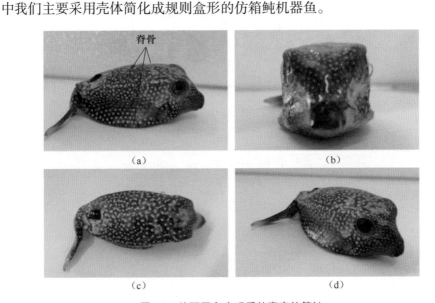

图2.1　从不同角度观看的真实的箱鲀

2.1 多鳍肢驱动仿箱鲀机器鱼

图 2.2 所示为多鳍肢驱动仿箱鲀机器鱼[4]的尺寸和硬件配置。该机器鱼的尺寸（长 × 宽 × 高）为 40 cm × 14.1 cm × 13.2 cm。机器鱼由一个密封的壳体、一对胸鳍和一个尾鳍组成。壳体内包含了一个电气系统，由可以充电的电池、舵机、电路板、传感器等组成。胸鳍与尾鳍分别与 3 个舵机连接，用于产生推进力。图 2.2 中的红点表示该机器鱼的质心。

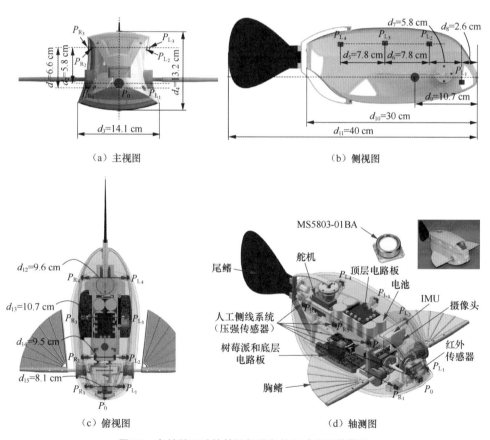

图2.2 多鳍肢驱动仿箱鲀机器鱼的尺寸和硬件配置

如图 2.3 所示，传感器包括惯性测量单元（inertial measurement unit，IMU）、摄像头、红外传感器、9 个压强传感器。IMU、摄像头、红外传感器均位于机器鱼头部即壳体内侧前方的中央区域。IMU 可以测量机器鱼在三维空间内的加速度和姿态信息。摄像头和红外传感器能够捕获外界环境的信息，从而使机器鱼能够实现自主定位与避障。机器鱼壳体上遍布的压强传感器组成了人工侧线系统，用于测量机器鱼外部流场的压强变化。除此以外，两块主要的电路板上的 32 位控制器用于实现传感器数据采集和机器鱼运动的控制（舵机控制）。电路板的分工如下：顶层电路板用于压强数据采集，底层电路板用于控制舵机摆动与摄像头、红外传感器、IMU 数据采集。机器鱼的主处理器为树莓派（一块卡片式微电脑）。基于树莓派上的 Linux 操作系统，机器鱼可以实现自主运动。

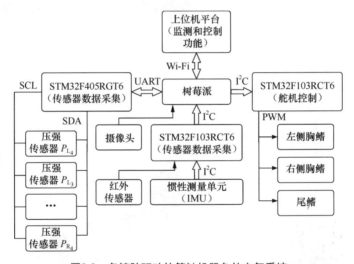

图2.3 多鳍肢驱动仿箱鲀机器鱼的电气系统

机器鱼的运动由一个基于中枢模式发生器（central pattern generator，CPG）的控制器控制[5]。具体来说，我们可以通过控制连接胸鳍和尾鳍的舵机以一定的 CPG 参数摆动，这样就可以使机器鱼的鱼鳍按照一定的频率、幅度、偏置角摆动。调整 3 个鱼鳍的摆动方式，就可以产生不同的动力组合，机器鱼也就可以实现多种三维运动模态，包括向前/向后运动、转弯运动、偏航运动、俯仰运动、横滚运动以及悬停运动，如图 2.4 所示。更多关于此机器鱼的运动模态可以参阅文献 [5-6]。

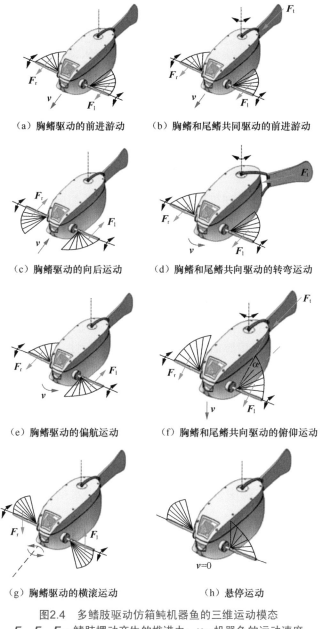

　　（a）胸鳍驱动的前进游动　　　（b）胸鳍和尾鳍共同驱动的前进游动

　　（c）胸鳍驱动的向后运动　　　（d）胸鳍和尾鳍共向驱动的转弯运动

　　（e）胸鳍驱动的偏航运动　　　（f）胸鳍和尾鳍共向驱动的俯仰运动

　　（g）胸鳍驱动的横滚运动　　　　　（h）悬停运动

图2.4　多鳍肢驱动仿箱鲀机器鱼的三维运动模态

F_r、F_l、F_t—鳍肢摆动产生的推进力；v—机器鱼的运动速度

鱼类可以通过侧线感知水环境中水流速度和压强的变化。同理，机器鱼

也可以借助人工侧线传感器获取水流流场信息。由于我们研究时主要关注水环境中的压强变化，因此采用了一款由泰科电子有限公司生产的商用压强传感器 MS5803-01BA 来搭建人工侧线系统。该压强传感器的分辨力是 12 Pa/m，对于微弱的压强变化十分敏感。该压强传感器的压强测量范围是 1.0×10^3 ~ 1.3×10^5 Pa。考虑到标准大气压是 1.01×10^5 Pa，所以这款压强传感器可以使用在水深最大为 2.9 m 的水域。该公司也有同类型的压强测量范围更大的传感器，我们可以根据水下机器鱼的使用场景选择合适量程的传感器。该压强传感器的尺寸（长 × 宽）很小，约为 6.2 mm × 6.4 mm，因此我们可以将多个压强传感器组装成阵列，安装到机器鱼上，且不会对外部流场产生较大的影响。如图 2.2 所示，机器鱼搭载的人工侧线系统由 9 个压强传感器组成，传感器分别命名为 P_0、P_{L1}、P_{L2}、P_{L3}、P_{L4}、P_{R1}、P_{R2}、P_{R3}、P_{R4}。压强传感器的数据首先由顶层电路板的控制器通过集成电路总线（inter-integrated circuit，I^2C）协议读取，然后再通过 Wi-Fi 传输至上位机平台。

为了确保 9 个压强传感器所测数据的相对稳定性，在实验前，我们分析了各个压强传感器的个体差异性，并分别进行了校准实验。具体的实验内容：通过图 2.5 所示的位置调节装置在静水中改变机器鱼所处的深度，使机器鱼体表产生一定的静态压强变化，比较每一个压强传感器测得的静态压强变化数值。该调节装置可以分别控制机器鱼沿着 x 轴、y 轴、z 轴移动，移动精度是 1 mm。在实验中，机器鱼的初始位置为水槽的正中央，鱼体上表面刚好与水面重合。通过控制机器鱼沿着 z 轴方向运动，让机器鱼所处的深度从 1 mm 变化到 20 mm，变化间隔为 1 mm。当机器鱼位于初始位置，记录的 9 个压强传感器的压强数据平均值和机器鱼的深度分别为 V_1 和 D_1。当机器鱼位于给定的深度 D_2 时，所记录的 9 个压强传感器的压强数据平均值为 V_2。V_1 和 V_2 之间的差值反映了机器鱼深度变化导致的鱼体表面静态压强变化。

（a）实物

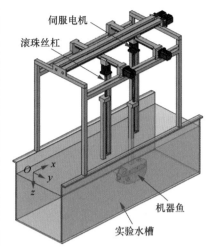

伺服电机

滚珠丝杠

机器鱼

实验水槽

（b）位置调节装置轴测图

图2.5 机器鱼的位置调节装置

如图 2.6 所示，9 个压强传感器几乎测得相同的静态压强变化，且静态压强与深度大致呈线性关系，这一点与水的静力学规律相符。这意味着 9 个压强传感器在测量压强变化上没有个体差异，且测量结果可靠。此外，当压强传感器的数据记录时间超过 3 min 时，数据会发生轻微的漂移现象。这可能是电路中电压的变化或者水下环境的变化，如温度和气压的变化造成的。因此，为了减小这个影响，每一次数据记录时间都被控制在 2 min 以内。如果在数据记录的初始和结束阶段，数据漂移太大，则要重新记录数据。

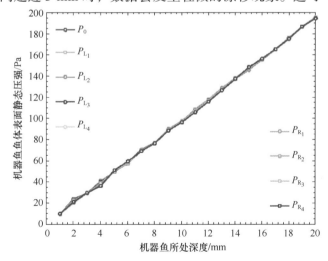

图2.6 机器鱼在静水中每一个压强传感器测得的压强与其所处的深度之间的关系

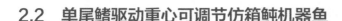

2.2 单尾鳍驱动重心可调节仿箱鲀机器鱼

图 2.7（a）和图 2.7（b）所示分别为单尾鳍驱动重心可调节仿箱鲀机器鱼的第一代机器鱼样机和第二代机器鱼 CAD 模型。第二代与第一代不同的是压强传感器的安装位置、天线的布置方式，以及增加了独立设计的压强采集舱。$Oxyz$ 表示机器鱼的鱼体坐标系。原点 O 固定在机器鱼鱼体水平对称面和左右对称面的交线上，并位于机器鱼质心 C_m 之上。第二代机器鱼是一款全新设计的仿箱鲀机器鱼，由于外形结构简单，进行感知实验时能够兼具准确性与便捷性。其尺寸（长 × 宽 × 高）约为 29.1 cm × 11.6 cm × 13.4 cm。该机器鱼主要由一个 3D 打印的上下壳体（见图 2.8）、一个动力舱、一个控制舱、一个电池舱、一个压强采集舱和一个尾鳍组成。如图 2.7（b）所示，人工侧线系统由 11 个压强传感器（MS5803-01BA）组成，这些传感器分布在机器鱼鱼体的表面，用于测量鱼体周围的压强变化量，分别命名为 P_{top}、P_{bottom}、P_{l_m}、P_{R_m}（m=1, 2, 3, 4）。图 2.7（c）所示为机器鱼 CAD 模型的爆炸视图。图 2.7（d）所示为机器鱼动力舱的内部。动力舱内安装有 3 个舵机，分别具有不同的控制效果。具体来说，舵机 1 与尾鳍连接，用于驱动尾鳍的摆动以产生推进力。舵机 2 用于驱动一个转动支架，该转动支架上连接着舵机 3 和一个四连杆机构。舵机 3 用于驱动上述的四连杆机构，从而移动与四连杆机构连接的重物块。通过控制舵机 2 和舵机 3，重物块能够沿着与机器鱼鱼体 Ox 轴平行的轴线移动，同时也能够绕着舵机 2 的输出轴转动。

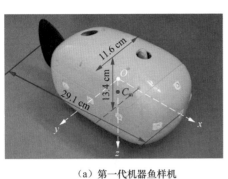

（a）第一代机器鱼样机

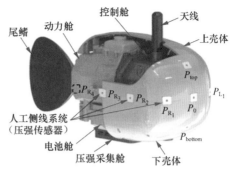

（b）第二代机器鱼 CAD 模型

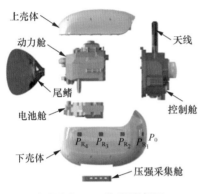

（c）机器鱼 CAD 模型爆炸视图

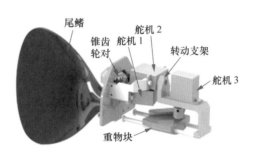

（d）机器鱼动力舱内部

图2.7　单尾鳍驱动仿箱鲀机器鱼的硬件配置

图2.8　通过3D打印获得的单尾鳍驱动重心可调节仿箱鲀机器鱼的上下壳体

　　通过控制 3 个舵机以一定的摆动频率、幅度、偏置角转动，机器鱼就可以在三维空间内实现包括直线运动、转弯运动、上升运动和盘旋运动在内的多种运动模态，如图 2.9 所示。

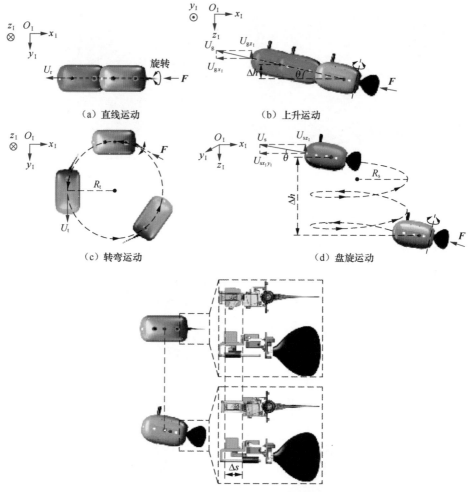

（a）直线运动　　　　　　　　　　（b）上升运动

（c）转弯运动　　　　　　　　　　（d）盘旋运动

（e）机器鱼在上升运动和盘旋运动中机器鱼质心位置（红点）

图2.9　机器鱼的多种运动模态

在上升运动和盘旋运动中，机器鱼质心沿着鱼头鱼尾方向移动一个特定的距离 Δs。在机器鱼的转弯运动和盘旋运动中，机器鱼的尾鳍有一个非零偏置。在图 2.9 中，$O_I x_I y_I z_I$ 表示全局坐标系；F 表示尾鳍产生的推进力；$U_k(k=\mathrm{r,t,g,s})$ 表示机器鱼的移动速度；U_g 是沿着 $O_I z_I$ 轴的速度 $U_{g z_I}$ 和沿着 $O_I x_I$ 轴的速度 $U_{g x_I}$ 的合速度；U_s 是沿着 $O_I z_I$ 轴的速度 $U_{s z_I}$ 和 $x_I y_I$ 平面内的速度 $U_{s x_I y_I}$ 的合速度；R_t 和 R_s 表示机器鱼的转弯半径和盘旋半径；Δh 表示机器鱼的深度变化；θ 表示机器鱼的俯仰角。

图 2.10 所示为人工侧线传感器在机器鱼上的详细分布。与多鳍肢驱动仿箱鲀机器鱼直接将压强传感器嵌入到机器鱼壳体上不同的是，在第二代单尾鳍驱动重心可调节仿箱鲀机器鱼上，人工侧线压强传感器首先安装在一个特殊设计的压强传感器壳体内（见图 2.11），然后再将该壳体嵌入机器鱼壳体中。压强传感器与外界水流之间通过直径为 2 mm 的圆孔连通，这种设计既有利于保护传感器表面的硅胶防水薄膜不易受水流冲击而破损，又有利于滤除部分水中的扰动信号，提高传感器测量数据的信噪比。同样地，在实验前，我们也对此机器鱼的压强传感器个体差异性做了详细探究。本书后续章节涉及的单尾鳍机器鱼实验均是采用这款机器鱼进行的。

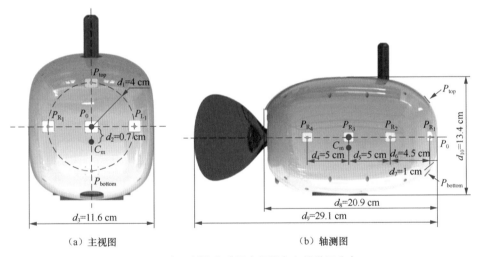

（a）主视图　　　　　　　　　　（b）轴测图

图2.10　人工侧线传感器在机器鱼上的详细分布

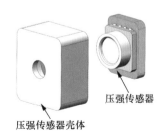

图2.11　压强传感器和压强传感器壳体

如图 2.12 所示，单尾鳍驱动重心可调节机器鱼控制系统由控制舱、压强采集舱和动力舱组成。控制舱包括一个航姿参考系统（attitude and heading reference system，AHRS）、若干电路板、一个卡片式微型电脑 Nano Pi、一个命名为 $P_{statics}$ 的压强传感器，该传感器安装在控制舱的底部。航姿参考系统包括一个三轴加速度计、一个磁力计和一个陀螺仪。该航姿参考系统能够以 50 Hz 的采样频率输出机器鱼的航向角、俯仰角、横滚角、角速度以及加速度。电路板上的 32 位的控制器能够采集航姿参考系统数据并且实现对舵机的控制。压强传感器 $P_{statics}$（MS5803-14BA）用于测量机器鱼在水下的静态压强，以用于计算机器鱼所处的深度位置。Nano Pi 是机器鱼的主处理器。基于安装在 Nano Pi 上的 Linux 操作系统，该机器鱼能够实现运动的自主性。压强采集舱包括一块用于采集人工侧线数据的电路板，数据通过 I^2C 协议传输给 Nano Pi，再以 50 Hz 的频率通过 Wi-Fi 传送给上位机，用于进一步的分析。

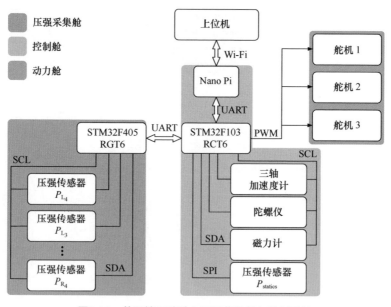

图2.12　单尾鳍驱动重心可调节机器鱼控制系统

本章小结

本章详细介绍了两款仿箱鲀机器鱼的机械设计与硬件配置，包括机器鱼的驱动方式、运动模态、所搭载的人工侧线系统传感器的组成与测试、传感器数据的读取与传输方式等。后续的章节中将基于这两款机器鱼开展人工侧线感知研究。

参考文献

[1] BARTOL I K, GHARIB M, WEBB P W, et al. Body-induced vortical flows: a common mechanism for self-corrective trimming control in boxfishes[J]. Journal of Experimental Biology, 2005, 208(2): 327-344.

[2] BARTOL I K, GORDON M S, WEBB P W, et al. Evidence of self-correcting spiral flows in swimming boxfishes[J]. Bioinspiration & Biomimetics, 2008, 3(1). DOI:10.1088/1748-3182/3/1/014001.

[3] KODATI P, DENG X Y. Towards the body shape design of a hydrodynamically stable robotic boxfish[C]//2006 IEEE/RSJ International Conference on Intelligent Robots and Systems. Piscataway, USA: IEEE, 2006: 5412-5417.

[4] BARICHE M. First record of the cube boxfish ostracion cubicus (ostraciidae) and additional records of champsodon vorax (champsodontidae) from the mediterranean[J]. International Journal of Ichthyology, 2011, 17(17):181-184.

[5] WANG W, XIE G M. CPG-based locomotion controller design for a boxfish-like robot[J]. International Journal of Advanced Robotic Systems, 2014, 11(87). DOI: 10.5772/58564.

[6] ZHENG X W, WANG W, WANG C, et al. An introduction of vision-based autonomous robotic fish competition[C]//The 12th World Congress on Intelligent Control and Automation. Piscataway, USA: IEEE, 2016: 2561-2566.

第3章

基于人工侧线的单机器鱼
自主轨迹评估研究

机器鱼在水下的运动与导航问题是完成其他水下任务的基础。机器鱼只有像真实的鱼一样在水下游动自如，能够自主运动到目标位置，才有可能完成后续的探测任务。因此，人们就水下机器鱼的自主导航问题进行了大量的研究工作。导航问题的研究主要由3个问题组成："我是谁？""我要去哪里？"以及"我该怎么去那里？"[1]。第一个问题指的是对于机器鱼的定位。第二个问题和第三个问题分别强调目标位置和如何到达该目标位置。后两个问题的实现需要在第一个问题的基础上进行，通常涉及水下通信、水下目标检测和识别、水下机器鱼控制等交叉学科知识，复杂度较高。在本章中，我们主要关注导航问题中的第一个问题——机器鱼的定位问题。目前已有的水下定位方法主要基于水声定位系统（acoustic positioning system，APS）、惯性导航系统（inertial navigation system，INS）、水下全球定位系统（global positioning system，GPS）以及光学定位系统（optical positioning system，OPS）[2]。上述定位系统在应用到深海环境中的机器鱼上时具有下面两个局限。

（1）大多数定位系统都需要高度复杂的元件。APS通常基于声呐或者多普勒速度仪工作[3]。以声呐为例，声呐系统通常由声学传感器阵列、电子机柜，以及包括电源设备、连接电缆、声呐罩等在内的辅助设备组成[4]，如此复杂的元件通常需要耗费高昂的成本进行制造。此外，如果需要将这些系统集成到厘米级的机器鱼中，除了基于摄像头的视觉定位系统等外，大部分定位系统难以实现这一点，并且制造成本极高。

（2）由于水下环境存在光线黑暗、地理结构复杂、磁场干扰等特性，APS、INS、OPS等无法应用于进行深海探测的机器鱼上。

由于这些原因，我们需要寻找新的定位方法。受鱼类侧线的启发，人们将传感器阵列组成的人工侧线系统集成到机器鱼表面，用于感知外部信息，并且进行了相关的定位研究。相比于前述的定位系统，人工侧线系统价格更加低廉、体积更小便于集成，最重要的是能够应用在恶劣的水下环境中，具有一定的实用性与广阔的应用前景。

在已有的研究中，人们根据是否具备位置相关的先验信息，将定位问题分为全局定位和位置跟踪两类[5]。全局定位指的是绝对定位，具体指在机器人的初始位置和相对其他物体的位置未知的情况下确定机器人的绝对位置。位置跟踪也叫局部定位，具体指确定机器人相对于已知初始位置的位置，即确定机器人相对于初始位置的运动方式与运动距离，并不关心初始位置在哪里。

本章主要介绍机器鱼的位置跟踪问题，探究机器鱼如何利用人工侧线系统实现在直线运动、转弯运动、上升运动、盘旋运动中的运动参数识别与位置变化估计。具体而言，在我们的研究中，机器鱼可以根据人工侧线系统获取的信息，估计每一种运动下的特征运动参数，如线速度、角速度、运动半径等，基于这些运动参数，机器鱼能够实现相对于初始位置的轨迹估计与位置估计。考虑到机器鱼的运动会与周围的水流产生相互作用，导致其体表的压强发生变化，因此我们首先建立了一个关联运动参数和体表压强变化量的模型，然后通过大量的实验获取机器鱼的体表压强变化与运动参数数据，基于线性回归分析方法来确定模型中的参数。最后，我们将建立的模型应用于实际的机器鱼游动中，使用人工侧线测量的压强变化量去估计机器鱼的运动参数，估算轨迹与相对位置，并且分析了实际轨迹和估计轨迹之间的误差。

在现有的人工侧线系统应用于机器鱼的研究结果中，大多数的实验是将机器鱼固定或者在水流中沿直线缓慢拖动进行的。只有少数的实验探究了机器鱼的自由游动，并且这些实验探究还只是在有限的实验参数范围内进行的[6-8]。本章首次利用人工侧线系统探究机器鱼的三维自由运动，实验参数空间较大，结果较为完整。

此外，基于人工侧线的机器鱼运动参数估计方面的研究还较少，且具有一定的局限性。Akanyeti 等 [6] 建立了一个反映机器鱼游动速度和体表压强分布关系的水动力学模型。基于人工侧线测量的动态压强变化量，机器鱼的速度可以通过所建立的水动力学模型反解得到。然而，该机器鱼是通过一个直线电机被动拖动的，鱼体的摆动受到了约束，这与鱼类的自由游动存在着本质的区别，应用价值较为有限。Wang 等 [7] 研究了一款自由游动的机器鱼如何利用人工侧线系统去估计自身的直线游动速度。但是，其模型主要通过观察机器鱼的运动学数据得到，并且基于数据驱动的思路去确定模型参数，缺少理论的分析。除此之外，他们只研究了直线运动，结果较为单一。在本章中，我们将机器鱼放置在水槽中让其进行自由游动，实现了基于人工侧线的运动学参数估计。此外，本章中的基于人工侧线的轨迹估计方法还可以拓展到其他的水下机器人，具有广阔的应用前景，这也表明了人工侧线系统在提升水下机器人性能方面具有巨大潜力。

3.1 机器鱼自由游动感知实验介绍

3.1.1 实验概述

如图 3.1 所示，机器鱼鱼体坐标系 $O_Ix_Iy_Iz_I$ 的原点 O_I 固定在水面，并位于水池的边角，$O_Ix_Iy_I$ 平面与水面重合，且 O_Iz_I 轴沿着水池的深度方向。

实验在一个尺寸（长 × 宽 × 高）为 4 m×2 m×1.2 m 的长方体水池中进行，水深为 0.8 m。此外，顶端安装有一个带有视觉跟踪系统的摄像头，用于捕获机器鱼在水池内运动时的位置（二维坐标）。机器鱼尾鳍的偏航角用来调整水平运动方向，内置的重物块用来调整机器鱼的重心，控制机器鱼的上升运动或者下降运动。机器鱼的姿态角通过航姿参考系统来监测，以保证机器鱼处于特定的运动状态。具体来说，当机器鱼处于直线运动和转弯运动时，它的俯仰角在 0° 附近振荡；在上升运动和盘旋运动时，俯仰角在一个非零值附近振荡；在直线运动和上升运动时，机器鱼的偏航角在 0° 附近振荡；在转弯运动和盘旋运动时，偏航角随时间变化。在 4 种运动中，机器鱼的横滚角均在 0° 附近振荡。为了满足上述要求，我们将机器鱼的密度调节到稍小于 $1 \times 10^3 \, \text{kg/m}^3$。此外，机器鱼处于静水中的横滚角和俯仰角均调整到 0° 附近。

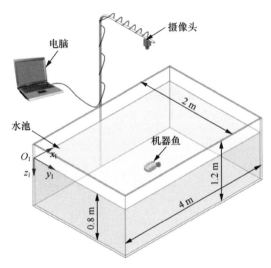

图3.1　机器鱼自由运动感知实验平台

3.1.2　实验过程

机器鱼自由运动感知实验的具体过程如下所述。

首先，将机器鱼固定在水池中，记录 10 s 内机器鱼在静水中的压强传感器 P_{statics} 和人工侧线系统的数据，并将 P_{statics} 和人工侧线系统记录的数据的平均值分别记作 $\overline{P_{s_1}}$ 和 $\overline{P_{\text{alls}_1}}$。然后，启动舵机驱动尾鳍和移动重物块使机器鱼实现特定的运动，相关的实验参数如表 3.1 所示。A、f、ϕ 分别表示尾鳍的摆动幅度、摆动频率和摆动偏置。Δd 表示重物块当前位置与其初始位置的距离。当 Δd 是正值时，重物块向鱼头方向移动；当 Δd 是负值时，重物块向鱼尾方向移动。等待 10 s 直到机器鱼达到稳定运动状态，记录压强传感器 P_{statics}、人工侧线系统、航姿参考系统等数据，并通过摄像头记录机器鱼的位置坐标，压强传感器 P_{statics} 和人工侧线系统的数据分别记录作 P_{s_2} 和 P_{alls_2}。最后，停止数据记录并让机器鱼停止运动。P_{s_2} 和 $\overline{P_{s_1}}$ 之间的差值 ΔP_s 反映了机器鱼因为深度变化而导致的静态压强变化量（$\Delta P_s = P_{s_2} - \overline{P_{s_1}}$），$P_{\text{alls}_2}$ 和 $\overline{P_{\text{alls}_1}}$ 之间的差值 ΔP_{alls} 反映了机器鱼在特定运动下机器鱼体表周围的压强变化量（$\Delta P_{\text{alls}} = P_{\text{alls}_2} - \overline{P_{\text{alls}_1}}$）。

表3.1　相关实验参数

实验	摆动幅度 $A/(°)$	摆动频率 f/Hz	摆动偏置 $\phi/(°)$	移动重物块的位置 Δd/cm
直线运动	{5, 10, …, 30}	{1.0, 1.2, …, 1.8, 2.0}	0	0
转弯运动	20	{1.0, 1.1, …, 1.9, 2.0}	{20, 25, …, 40}	0
上升运动	20	2.0	0	{-2.0, -1.9, -1.8, -1.75, -1.7, -1.4, -1.3, -1.2, -1.0, -0.8, -0.6, -0.4, -0.2, 0}
盘旋运动	20	3.0	20	{-1.6, -1.4, -1.2, -1.0, -0.6, -0.4, -0.2, 0}

除此以外，水池上方的摄像头会同步记录下机器鱼的二维坐标数据。对于每一个实验参数，上述实验各进行 5 次。

图 3.2 所示为机器鱼的 4 种运动模态：直线运动（$k=r$）、上升运动（$k=g$）、转弯运动（$k=t$）和盘旋运动（$k=s$）。图 3.2（c）和图 3.2（d）中的尾鳍相比于图 3.2（a）和图 3.2（b）中的尾鳍具有非零偏航角。图 3.2（b）和图 3.2（d）中的重物块相比于图 3.2（a）和图 3.2（c）而言具有一定的位移，改变了机器鱼质心的位置。

图 3.2（b）和图 3.2（d）中的白色箭头表示移动重物块的方向。$O_g x_g y_g z_g$ 表示全局坐标系；F 表示尾鳍产生的推进力；$(x_{t_i}, y_{t_i}, z_{t_i})$ 表示 $\Delta \alpha_{t_{i-1}t_i} = \alpha_{t_i} - \alpha_{t_{i-1}}$

时，机器鱼在时间t_i $(i=1,2,3,\cdots)$时在$O_1x_1y_1z_1$中的坐标；U_k(k=r,t,g,s) 表示机器鱼的移动速度；$U_{k_{t_{i-1}t_i}}$ (k=r,t,g,s) 表示机器鱼在时间区间(t_{i-1},t_i)的移动速度；$U_{gx_{t_{i-1}t_i}}$ 和 $U_{gz_{t_{i-1}t_i}}$ 表示在时间区间(t_{i-1},t_i)内，机器鱼沿着O_1x_1轴和O_1z_1轴的移动速度；$U_{sx_1y_1}$ 和 U_{sz_1} 表示平面$O_1x_1y_1$内和O_1z_1轴的移动速度；R_t 和 R_s 表示机器鱼的转弯半径和盘旋半径；Δh 表示机器鱼的深度变化。图3.2（a）中的$\Delta \alpha_{t_i}$是时间t时机器鱼的航向角α_{t_i}和初始航向角α_{t_0}的差值（$\Delta \alpha_{t_i} = \alpha_{t_i} - \alpha_{t_0}$）。图3.2（c）中的$\Delta \alpha_{t_{i-1}t_i}$是时间$t_i$时的航向角$\alpha_{t_i}$和时间$t_{i-1}$的航向角$\alpha_{t_{i-1}}$之间的差值（$\Delta \alpha_{t_{i-1}t_i} = \alpha_{t_i} - \alpha_{t_{i-1}}$）。

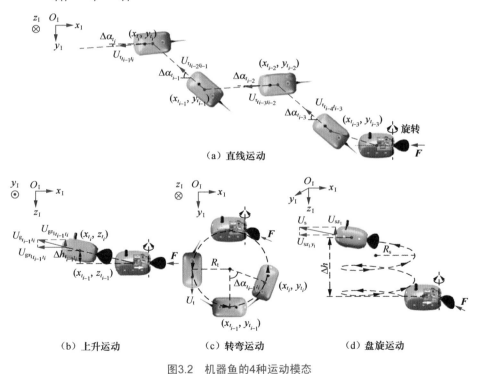

（a）直线运动

（b）上升运动　　　　（c）转弯运动　　　　（d）盘旋运动

图3.2　机器鱼的4种运动模态

　　基于记录的坐标数据，图3.2中相关的运动参数包括直线移动线速度U_r、转弯线速度U_t、在$O_1x_1y_1$平面的盘旋线速度$U_{sx_1y_1}$、在$O_1x_1y_1$平面的上升线速度$U_{gx_1y_1}$、转弯角速度Ω_t、盘旋角速度Ω_s、转弯半径R_t、盘旋半径R_s等可以通过计算获得。具体来说，用摄像头所采集的坐标数据计算机器鱼每经过一个采样时间 Δt 游动的距离 s，通过 s 和 Δt 的商获得 U_r（U_t、$U_{sx_1y_1}$ 和 $U_{gx_1y_1}$ 同理可求得）。对于 R_t 和 R_s，我们可利用最小二乘法对摄像头记录的二维坐标进行数据处理获得。Ω_t 为 U_t 和 R_t 的商值。Ω_s 为 $U_{sx_1y_1}$ 和 R_s 的商值。对于机器鱼的深度变化 Δh 和在深度方向的速度 v_{depth}，可通过压强传感器 $P_{statics}$ 记录的静态压强变化量，基于式（3.1）和式（3.2）去求解。

$$\Delta h = \frac{\Delta P_s}{\rho g} \qquad (3.1)$$

式中，ΔP_s 是 $P_{statics}$ 测得的静态压强变化量；ρ 是水的密度；g 是重力加速度。

$$v_{depth} = \frac{\Delta h}{t_h} \qquad (3.2)$$

式中，t_h 是与 Δh 对应的时间长度。

3.2 机器鱼运动过程中体表压强变化量理论模型

3.2.1 理论基础

根据 Lighthill[9] 的研究，在假设水是无旋的且没有边界层效应的情况下，机器鱼体表的动态压强变化量 $\Delta P_{dynamics}$ 可以通过非定常伯努利方程（3.3）获得。

$$\Delta P_{dynamics}(t) = -\rho \frac{\partial \Phi}{\partial t} - \frac{1}{2}\rho |\nabla \Phi|^2 \qquad (3.3)$$

式中，$\Delta P_{dynamics}(t)$ 表示机器鱼在时刻 t 的压强数据和在静水状态下的压强数据之间的差值；ρ 是水的密度；Φ 是机器鱼的速度势。

在本章中，假设机器鱼的速度势与其沿鱼体坐标系 $Oxyz$ 中 Ox 轴的移动速度 U、鱼体的俯仰角 θ、鱼体的偏航角速度 ω 有关。U、θ、ω 均是关于时

间 t 的函数。机器鱼的速度势可以表示为：

$$\begin{aligned}\Phi &= U\Phi_U\left(x,y,z\right) + \theta\Phi_\theta\left(x,y,z\right) + \omega\Phi_\omega\left(x,y,z\right) \\ &= \left[U,\theta,\omega\right]\begin{bmatrix}\Phi_U\left(x,y,z\right) \\ \Phi_\theta\left(x,y,z\right) \\ \Phi_\omega\left(x,y,z\right)\end{bmatrix}\end{aligned} \tag{3.4}$$

式中，(x,y,z) 表示机器鱼鱼体表面在鱼体坐标系 $Oxyz$ 下的坐标；Φ_U、Φ_θ 及 Φ_ω 分别表示单位移动速度、单位俯仰角、单位偏航角速度下机器鱼的速度势。

速度势关于时间的导数为：

$$\frac{\partial \Phi}{\partial t} = \frac{\mathrm{d}}{\mathrm{d}t}\left[U,\theta,\omega\right]\cdot\begin{bmatrix}\Phi_U\left(x,y,z\right) \\ \Phi_\theta\left(x,y,z\right) \\ \Phi_\omega\left(x,y,z\right)\end{bmatrix} - \left[U,\theta,\omega\right]\cdot\begin{bmatrix}\nabla\Phi_U \\ \nabla\Phi_\theta \\ \nabla\Phi_\omega\end{bmatrix}\cdot\begin{bmatrix}x \\ y \\ z\end{bmatrix} \tag{3.5}$$

式中，$\nabla\Phi_U = \left[\dfrac{\partial \Phi_U}{\partial x}, \dfrac{\partial \Phi_U}{\partial y}, \dfrac{\partial \Phi_U}{\partial z}\right]$，$\nabla\Phi_\theta = \left[\dfrac{\partial \Phi_\theta}{\partial x}, \dfrac{\partial \Phi_\theta}{\partial y}, \dfrac{\partial \Phi_\theta}{\partial z}\right]$，$\nabla\Phi_\omega = \left[\dfrac{\partial \Phi_\omega}{\partial x},\right.$ $\left.\dfrac{\partial \Phi_\omega}{\partial y}, \dfrac{\partial \Phi_\omega}{\partial z}\right]$，$\dfrac{\mathrm{d}x}{\mathrm{d}t} = U$；$\dfrac{\mathrm{d}x}{\mathrm{d}t}$、$\dfrac{\mathrm{d}y}{\mathrm{d}t}$、$\dfrac{\mathrm{d}z}{\mathrm{d}t}$ 分别表示沿着鱼体坐标系 $Oxyz$ 的 Ox 轴、Oy 轴、Oz 轴的速度分量。

考虑到 $\dfrac{\mathrm{d}y}{\mathrm{d}t}$、$\dfrac{\mathrm{d}z}{\mathrm{d}t}$ 以及机器鱼的加速度量在运动状态稳定后，与 U、θ、ω 等量比起来相对较小，因此可以略去。也就是说，$\dfrac{\mathrm{d}U}{\mathrm{d}t} \approx 0$，$\dfrac{\mathrm{d}\theta}{\mathrm{d}t} \approx 0$，$\dfrac{\mathrm{d}\omega}{\mathrm{d}t} \approx 0$，$\dfrac{\mathrm{d}y}{\mathrm{d}t} \approx 0$ 以及 $\dfrac{\mathrm{d}z}{\mathrm{d}t} \approx 0$。因此，式（3.5）最终简化为：

$$\frac{\partial \Phi}{\partial t} = U^2\left(-\frac{\partial \Phi_U}{\partial x}\right) + U\theta\left(-\frac{\partial \Phi_\theta}{\partial x}\right) + U\omega\left(-\frac{\partial \Phi_\omega}{\partial x}\right) \tag{3.6}$$

此外，

$$\begin{aligned}
\left|\nabla\Phi\right|^2 &= \left|U\nabla\Phi_U + \theta\nabla\Phi_\theta + \omega\nabla\Phi_\omega\right|^2 \\
&= U^2(\nabla\Phi_U)^2 + \theta^2(\nabla\Phi_\theta)^2 + \omega^2(\nabla\Phi_\omega)^2 \\
&\quad + 2U\theta(\nabla\Phi_U)(\nabla\Phi_\theta) \\
&\quad + 2U\omega(\nabla\Phi_U)(\nabla\Phi_\omega) \\
&\quad + 2\theta\omega(\nabla\Phi_\theta)(\nabla\Phi_\omega)
\end{aligned} \tag{3.7}$$

将式（3.6）和式（3.7）代入式（3.3），可以得到：

$$\Delta P_{\text{dynamics}}(t) = C_1 U^2 + C_2\theta^2 + C_3\omega^2 + C_4 U\theta + C_5 U\omega + C_6\theta\omega + C_7 \tag{3.8}$$

式中，

$$\begin{cases}
C_1 = \rho\dfrac{\partial\Phi_U}{\partial x} - \dfrac{1}{2}\rho(\nabla\Phi_U)^2 \\[2mm]
C_2 = -\dfrac{1}{2}\rho(\nabla\Phi_\theta)^2 \\[2mm]
C_3 = -\dfrac{1}{2}\rho(\nabla\Phi_\omega)^2 \\[2mm]
C_4 = \rho\dfrac{\partial\Phi_\theta}{\partial x} - \rho(\nabla\Phi_U)(\nabla\Phi_\theta) \\[2mm]
C_5 = \rho\dfrac{\partial\Phi_\omega}{\partial x} - \rho(\nabla\Phi_U)(\nabla\Phi_\omega) \\[2mm]
C_6 = -\rho(\nabla\Phi_\theta)(\nabla\Phi_\omega) \\[2mm]
C_7 = 常数
\end{cases} \tag{3.9}$$

在前期研究中发现，压强传感器的数据会随着时间发生轻微的漂移。此外，水环境背景噪声也会导致压强传感器的静态漂移。所以，参数 C_7 被引入 $\Delta P_{\text{dynamics}}$ 中以补偿上述影响。考虑到 Φ_U、Φ_θ、Φ_ω、$\nabla\Phi_U$、$\nabla\Phi_\theta$ 以及 $\nabla\Phi_\omega$ 都是 (x,y,z) 的函数，所以 $C_n(n=1,2,4,5,6,7)$ 也是 (x,y,z) 的函数。因此，C_n 只取决于机器鱼的几何外形。在本章中，我们主要探究人工侧线传感器所在位置处的压强变化量。为了简化分析，可以用一个角度参数 $\gamma(\gamma=\gamma_0,\ \gamma_1,\ \cdots,\ \gamma_8)$ 替代 (x,y,z) 来表达 C_n。我们假设 $C_n=A_n\gamma+B_n$。γ 表示坐标原点 O 与人工侧线传感器之间的连线与鱼体的 Ox 轴之间的夹角，如图 3.3 所示。

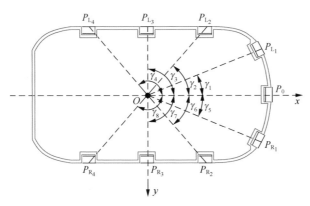

图3.3 机器鱼的俯视图和γ的定义

在图 3.3 中，$\gamma_0=0$，$\gamma_1=-\gamma_5=0.39$ rad，$\gamma_2=-\gamma_6=0.86$ rad，$\gamma_3=-\gamma_7=1.57$ rad，以及 $\gamma_4=-\gamma_8=2.28$ rad。

因此，对于人工侧线系统，

$$
\begin{aligned}
\Delta P_{\text{dynamics}}\left(t,\gamma\right) = & \left(A_1\gamma + B_1\right)U^2 + \left(A_2\gamma + B_2\right)\theta^2 \\
& + \left(A_3\gamma + B_3\right)\omega^2 + \left(A_4\gamma + B_4\right)U\theta \\
& + \left(A_5\gamma + B_5\right)U\omega + \left(A_6\gamma + B_6\right)\theta\omega \\
& + \left(A_7\gamma + B_7\right)
\end{aligned}
\tag{3.10}
$$

考虑到 A_n 和 B_n(n=1,2,3,4,5,6,7) 的具体表达式和数值很难从理论上去推导，因此我们采用数据驱动的方式，利用大量的运动学实验来确定 A_n 和 B_n，并且通过估计值与实际值的对比，来验证模型的准确性。

3.2.2 机器鱼在多运动模态中的体表压强变化量模型

在实验中，人工侧线系统测量的压强变化量记作 $\Delta P_{k_{\text{alls}}}$ (k=r,t,g,s)，包括两部分：动态压强变化量 $\Delta P_{k_{\text{dynamics}}}$ 和静态压强变化量 $\Delta P_{k_{\text{statics}}}$。$\Delta P_{k_{\text{alls}}}$ 表示如下：

$$
\Delta P_{k_{\text{alls}}} = \Delta P_{k_{\text{dynamics}}} + \Delta P_{k_{\text{statics}}}
\tag{3.11}
$$

$$
\Delta P_{k_{\text{statics}}} = \left(A_{k\text{h}}\gamma + B_{k\text{h}}\right)\Delta P_{k\text{s}}
\tag{3.12}
$$

式中，k=r,t,g,s（r、t、g 以及 s 分别表示机器鱼的直线运动、转弯运动、上升运动以及盘旋运动）；ΔP_{ks} 表示静态压强传感器测量的压强变化量。由于机器鱼鱼体的节律性摆动，静态压强传感器和人工侧线传感器所在位置的静态压强变化量不同，所以 A_{kh} 和 B_{kh} 被引入用于补偿二者的差值。

在下面的模型参数辨识过程中，在一定时间内，U 的平均值、ω 的平均值以及 θ 的平均值被用于辨识模型参数。对于直线运动和上升运动还可以做如下简化：考虑到在这两种运动状态下机器鱼鱼体的偏航角速度 ω 主要在零值附近，所以它在一段时间内的统计平均值可以忽略。因此上述两种运动中的动态压强变化量可以表示为：

$$\Delta P_{\lambda_{\text{dynamics}}} = \left(A_{\lambda 1}\gamma + B_{\lambda 1}\right)U_\lambda^2 + \left(A_{\lambda 2}\gamma + B_{\lambda 2}\right)\theta_\lambda^2 \\ + \left(A_{\lambda 3}\gamma + B_{\lambda 3}\right)U_\lambda\theta_\lambda + \left(A_{\lambda 4}\gamma + B_{\lambda 4}\right) \tag{3.13}$$

式中，λ=r, g。

机器鱼的转弯运动和盘旋运动无法进行这样的简化，因此动态压强变化量表示为：

$$\Delta P_{\mu_{\text{dynamics}}} = \left(A_{\mu 1}\gamma + B_{\mu 1}\right)U_\mu^2 + \left(A_{\mu 2}\gamma + B_{\mu 2}\right)\theta_\mu^2 \\ + \left(A_{\mu 3}\gamma + B_{\mu 3}\right)\omega_\mu^2 + \left(A_{\mu 4}\gamma + B_{\mu 4}\right)U_\mu\theta_\mu \\ + \left(A_{\mu 5}\gamma + B_{\mu 5}\right)U_\mu\omega_\mu + \left(A_{\mu 6}\gamma + B_{\mu 6}\right)\theta_\mu\omega_\mu \\ + \left(A_{\mu 7}\gamma + B_{\mu 7}\right) \tag{3.14}$$

式中，μ=t, s。

此外，对于机器鱼的直线运动和转弯运动，由于机器鱼主要在二维平面内运动，其深度变化可以忽略，因此静态压强变化量可以忽略。而在上升运动和盘旋运动中，机器鱼的 $\Delta P_{\text{statics}}$ 不可忽略。综上所述，机器鱼的压强变化量可以表示为：

$$\Delta P_{k_{\text{alls}}} = \begin{cases} \Delta P_{k_{\text{dynamics}}} & k = \text{r,t} \\ \Delta P_{k_{\text{dynamics}}} + \Delta P_{k_{\text{statics}}} & k = \text{g,s} \end{cases} \tag{3.15}$$

3.2.3　基于数据驱动的体表压强变化量模型参数辨识

以转弯运动为例，图 3.4 和图 3.5 所示为 $\Delta P_{t_{\mathrm{alls}}}$、$\omega_t$ 以及 θ 随时间 t 变化情况。在转弯运动中，机器鱼做逆时针运动。在这种情况下，P_{R_m}(m=1,2,3,4) 测量的压强变化量是正值，而 P_{L_m}(m=1,2,3,4) 测量的压强变化量在负值附近振荡。为了辨识压强变化量模型的参数，在 5 s 内，我们将人工侧线系统测量的 $\Delta P_{k_{\mathrm{alls}}}$($k$=r,t,g,s) 的平均值、$P_{\mathrm{statics}}$ 测量的 $\Delta P_{k_{\mathrm{statics}}}$($k$=r,t,g,s) 的平均值、摄像头测量的 U_k(k=r,t,g,s) 的平均值、航姿参考系统测量的偏航角速度 ω_μ(μ=t,s) 的平均值、俯仰角 θ_k(k=r,t,g,s) 的平均值以及每一个人工侧线传感器对应的角度参数 γ 输入式（3.13）和式（3.14）中。利用基于最小二乘法的线性回归，我们可以得到压强变化量模型的所有参数，如表 3.2 所示。我们可以使用压强变化量的测量值与模型估计值之间的决定系数（coefficient of determination）R^2 和平均绝对误差（mean absolute error，MAE）来评估压强变化量模型的性能。

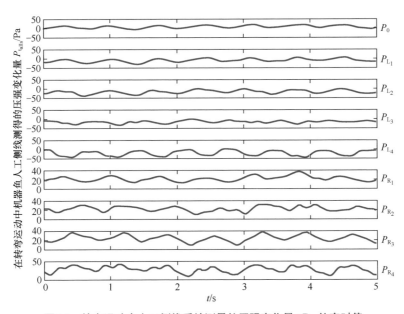

图3.4　转弯运动中人工侧线系统测量的压强变化量$\Delta P_{t_{\mathrm{alls}}}$的实时值

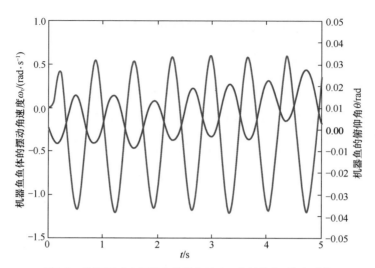

图3.5　转弯运动中机器鱼偏航角速度ω_t和俯仰角θ的实时值

表3.2　多种运动模态的体表压强变化量模型的参数列表

模型参数	具体数值	模型参数	具体数值
A_{r1}	-2.8×10^2	A_{g1}	-8.1×10^2
A_{r2}	3.8×10^3	A_{g2}	81
A_{r3}	-5.2×10^3	A_{g3}	-2.9×10^3
A_{r4}	-1.8	A_{g4}	0.0024
A_{rh}	/	A_{gh}	26
B_{r1}	8.1×10^2	B_{g1}	9.8×10^2
B_{r2}	-6.7×10^3	B_{g2}	74
B_{r3}	9.9×10^3	B_{g3}	3.1×10^3
B_{r4}	2.0	B_{g4}	0.99
B_{rh}	/	B_{gh}	-23
A_{t1}	1.3×10^3	A_{s1}	1.2×10^3
A_{t2}	2.0×10^3	A_{s2}	-4.1×10^2
A_{t3}	1.2×10^2	A_{s3}	-9.6
A_{t4}	-1.0×10^4	A_{s4}	-4.2×10^2
A_{t5}	-9.1×10^2	A_{s5}	-6.3×10^2
A_{t6}	2.4×10^3	A_{s6}	-1.2×10^3

模型参数	具体数值	模型参数	具体数值
A_{t7}	−0.12	A_{s7}	0.0031
A_{th}	/	A_{sh}	25
B_{t1}	1.9×10^{3}	B_{s1}	-6.5×10^{3}
B_{t2}	0	B_{s2}	4.5×10^{2}
B_{t3}	−94	B_{s3}	89
B_{t4}	9.3×10^{3}	B_{s4}	2.5×10^{3}
B_{t5}	1.4×10^{3}	B_{s5}	2.7×10^{3}
B_{t6}	-9.8×10^{2}	B_{s6}	7.2×10^{2}
B_{t7}	−3.9	B_{s7}	0.99
B_{th}	/	B_{sh}	−55

3.2.4　基于体表压强变化量模型的机器鱼运动参数估计

基于确定完系数的压强变化量模型，机器鱼的速度 $U_k(k\text{=r,t,g,s})$ 可以通过将人工侧线测量的 $\Delta P_{k_{\text{alls}}}(k\text{=r,t,g,s})$ 和航姿参考系统测量的 $\Omega_\mu(\mu\text{=t,s})$ 输入压强变化量模型中反解得到。简单而言，这就是一个求解类似线性方程 $Ax\text{=}b$ 的过程，这里的 b 是人工侧线和航姿参考系统的测量值，A 是 3.2.3 节通过最小二乘法确定的参数，x 是待求解的速度。利用模型估计得到的速度与航姿参考系统测量的角速度，就可以获得转弯半径 R_t 和盘旋运动半径 R_s。具体来说，R_t、R_s 是 $U_\mu(\mu\text{=t,s})$ 和 $\Omega_\mu(\mu\text{=t,s})$ 的商值。这里的 $\Omega_\mu(\mu\text{=t,s})$ 是机器鱼转弯运动或盘旋运动的角速度。对于一个特定时间段内的 $\Omega_\mu(\mu\text{=t,s})$，例如在后续实时估计中的每一秒内，它是航姿参考系统测量的偏航角速度的平均值。表 3.3 所示为 4 种运动中需要基于压强变化量模型估计的机器鱼运动学参数。基于所估计的 $U_k(k\text{=r,t,g,s})$、R_t、R_s 以及 $\Omega_\mu(\mu\text{=t,s})$，我们就可以计算机器鱼的运动轨迹。在轨迹的实时估计中，机器鱼的实时运动参数，包括 $U_k(k\text{=r,t,g,s})$、R_t、R_s 以及 $\Omega_\mu(\mu\text{=t,s})$ 等可以通过利用 1 s 的历史数据迭代计算得到。

表3.3　4种运动中需要估计的运动参数

实验	直线运动	转弯运动	上升运动	盘旋运动
估计的参数	U_r	U_t, R_t	U_g	U_s, R_s

3.3　基于人工侧线运动参数估计的机器鱼自主轨迹评估方法

为了估计机器鱼的运动轨迹，机器鱼在每一秒的位置坐标都需要利用压强变化量模型估计的运动参数 $U_k(k=r,t,g,s)$、R_t、R_s 及航姿参考系统获得的 ω_t，ω_s 计算获得。在本节中，机器鱼的轨迹通过坐标 (x,y,z) 表达。$(x_{t_i},\ y_{t_i},\ z_{t_i})$ 和 $(x_{t_{i-1}},\ y_{t_{i-1}},\ z_{t_{i-1}},)$ 分别是机器鱼在全局坐标系 $O_1x_1y_1z_1$ 下于 t_i 和 t_{i-1} 时刻的坐标，i 表示时间序列。

3.3.1　直线运动轨迹评估方法

如图 3.2（a）所示，当机器鱼自由游动时，其鱼头会进行节律性摆动。所以，机器鱼的位置坐标需要通过机器鱼鱼头的航向角去计算。$\Delta\alpha$ 表示鱼头当前的航向角与初始航向角的差值。机器鱼的位置坐标可以表示为：

$$\begin{cases} x_{t_i} = x_{t_{i-1}} + U_{r_{t_{i-1}t_i}} \times \Delta t \times \cos\left(\Delta\alpha_{t_i}\right) \\ y_{t_i} = y_{t_{i-1}} + U_{r_{t_{i-1}t_i}} \times \Delta t \times \sin\left(\Delta\alpha_{t_i}\right) \\ z_{t_i} = 0 \end{cases} \tag{3.16}$$

这里的 $\Delta t = t_i - t_{i-1} = 1\,\mathrm{s}$。

3.3.2　转弯运动轨迹评估方法

对于达到转弯运动稳态的机器鱼，运动一圈后，它将会回到初始位置。因此，当机器鱼的运动不超过一圈时，它的坐标可以通过图 3.6 所示的 4 种情况确定。

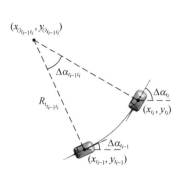

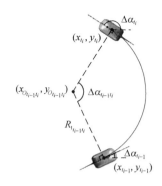

（a）情况1：点(x_{t_i},y_{t_i})和点$(x_{t_{i-1}},y_{t_{i-1}})$
之间的弧长小于四分之一整圆

（b）情况2：点(x_{t_i},y_{t_i})和点$(x_{t_{i-1}},y_{t_{i-1}})$之间
的弧长大于四分之一整圆，小于二分之一整圆

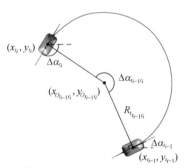

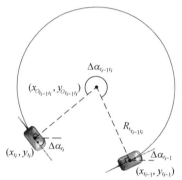

（c）情况3：点(x_{t_i},y_{t_i})和点$(x_{t_{i-1}},y_{t_{i-1}})$之间的
弧长大于二分之一整圆，小于四分之三整圆

（d）情况4：点(x_{t_i},y_{t_i})和点$(x_{t_{i-1}},y_{t_{i-1}})$之间
的弧长大于四分之三整圆，小于整圆

图3.6　转弯运动中计算机器鱼坐标的4种情况

具体的转弯运动轨迹可以确定如下：

首先，我们需要确定转弯轨迹的中心点。这里，我们将时间区间(t_{i-1}, t_i)内的转弯运动轨迹中心记作$(x_{O_{t_{i-1}t_i}}, y_{O_{t_{i-1}t_i}})$，具体表达如下：

$$\begin{cases} x_{O_{t_{i-1}t_i}} = x_{t_{i-1}} + R_{t_{t_{i-1}t_i}} \times \cos(\Delta\alpha_{i-1}) \\ y_{O_{t_{i-1}t_i}} = y_{t_{i-1}} + R_{t_{t_{i-1}t_i}} \times \sin(\Delta\alpha_{i-1}) \\ z_{O_{t_{i-1}t_i}} = 0 \end{cases} \tag{3.17}$$

式中，$R_{t_{t_{i-1}t_i}} = U_{t_{i-1}t_i}/\Omega_{t_{i-1}t_i}$是机器鱼在时间区间$(t_{i-1}, t_i)$内的转弯半径。

其次，我们需要计算机器鱼在时间区间(t_{i-1}, t_i)内的坐标。这里，定义机器鱼在时间区间(t_{i-1}, t_i)内的坐标序列为$(x_{t_{i-1}t_i j}, y_{t_{i-1}t_i j})$，这里的$j=1,2,\cdots,50$。机

器鱼的位置坐标$(x_{t_{i-1}t_ij}, y_{t_{i-1}t_ij}, z_{t_{i-1}t_ij})$表达如下：

$$\begin{cases} x_{t_{i-1}t_ij} = x_{O_{t_{i-1}t_i}} + R_{t_{t_{i-1}t_i}} \times \cos\zeta_{t_{i-1}t_ij} \\ y_{t_{i-1}t_ij} = y_{O_{t_{i-1}t_i}} + R_{t_{t_{i-1}t_i}} \times \sin\zeta_{t_{i-1}t_ij} \\ z_{t_{i-1}t_ij} = 0 \end{cases} \tag{3.18}$$

式中，$\zeta_{t_{i-1}t_ij}$是坐标点$(x_{t_{i-1}t_ij}, y_{t_{i-1}t_ij})$的极角。$\zeta_{t_{i-1}t_ij}$的范围记作$(\zeta_{t_{i-1}t_i}\text{l}, \zeta_{t_{i-1}t_i}\text{r})$，具体如表3.4所示。$\zeta_{t_{i-1}t_i}\text{l}$和$\zeta_{t_{i-1}t_i}\text{r}$通过在$t_i$时刻的偏航角$\alpha_{t_i}$和$t_{i-1}$时刻的偏航角$\alpha_{t_{i-1}}$计算确定。

表3.4 转弯运动和转盘运动中(t_{i-1}, t_i)对应的$(\zeta_{t_{i-1}t_i}\text{l}, \zeta_{t_{i-1}t_i}\text{r})$

$\alpha_{t_{i-1}}$ α_{t_i}	(0,90]	(90,180]	(−180,−90]	(−90,0]
(0,90]	$[\alpha_{t_{i-1}}-90, \alpha_{t_i}-90]$	$[\alpha_{t_{i-1}}-90, \alpha_{t_i}+270]$	$[\alpha_{t_{i-1}}+270, \alpha_{t_i}+270]$	$[\alpha_{t_{i-1}}-90, \alpha_{t_i}-90]$
(0,180]	$[\alpha_{t_{i-1}}-90, \alpha_{t_i}-90]$	$[\alpha_{t_{i-1}}-90, \alpha_{t_i}-90]$	$[\alpha_{t_{i-1}}+270, \alpha_{t_i}+270]$	$[\alpha_{t_{i-1}}-90, \alpha_{t_i}-90]$
(−180,−90]	$[\alpha_{t_{i-1}}-90, \alpha_{t_i}+270]$	$[\alpha_{t_{i-1}}-90, \alpha_{t_i}+270]$	$[\alpha_{t_{i-1}}+270, \alpha_{t_i}+270]$	$[\alpha_{t_{i-1}}-90, \alpha_{t_i}+270]$
(−90,0]	$[\alpha_{t_{i-1}}-90, \alpha_{t_i}+270]$	$[\alpha_{t_{i-1}}-90, \alpha_{t_i}+270]$	$[\alpha_{t_{i-1}}+270, \alpha_{t_i}+270]$	$[\alpha_{t_{i-1}}-90, \alpha_{t_i}-90]$

3.3.3 上升运动轨迹评估方法

图3.2（b）所示为机器鱼的上升运动，机器鱼的位置坐标可以表示为：

$$\begin{cases} x_{t_i} = x_{t_{i-1}} + \sqrt{\left(U_{g_{t_{i-1}t_i}} \times \Delta t\right)^2 - \left(\Delta h_{t_{i-1}t_i}\right)^2} \times \cos\left(\Delta\alpha_{t_i}\right) \\ y_{t_i} = y_{t_{i-1}} + \sqrt{\left(U_{g_{t_{i-1}t_i}} \times \Delta t\right)^2 - \left(\Delta h_{t_{i-1}t_i}\right)^2} \times \sin\left(\Delta\alpha_{t_i}\right) \\ z_{t_i} = z_{t_{i-1}} + \Delta h_{t_{i-1}t_i} \end{cases} \tag{3.19}$$

式中，$\Delta h_{t_{i-1}t_i}$是机器鱼在时间区间(t_{i-1}, t_i)内的深度变化。

3.3.4 盘旋运动轨迹评估方法

对于盘旋运动，机器鱼的x坐标和y坐标的确定和3.3.2节转弯运动相同，此处不再赘述。而对于z坐标，其表达如下：

$$z_{t_i} = z_{t_{i-1}} + \Delta h_{t_{i-1}t_i} \tag{3.20}$$

3.4 实验结果

3.4.1 直线运动

在直线运动中，机器鱼鱼体左侧和右侧对应传感器的压强变化测量值几乎相等。因此，我们采用它们的平均值，以及传感器 P_0 所测得的压强变化量的平均值去辨识模型中的参数。然后，在参数估计的工作中，利用人工侧线系统采集的压强变化量数据，基于已有的模型去反解获得直线速度 U_r。图3.7（a）~图3.7（e）所示为在直线运动中，机器鱼体表压强变化量的测量值；图3.7（f）~图3.7（j）所示为在直线运动中，机器鱼体表压强变化量的模型估计值。图3.8所示为在直线运动中，机器鱼直线运动速度的测量值与反解模型得到的估计值。对于 U_r 和压强变化量，R^2 和 MAE 如表3.5所示。

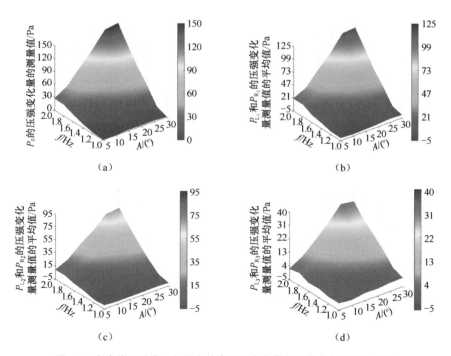

图3.7　在直线运动中，机器鱼体表压强变化量的测量值与模型估计值

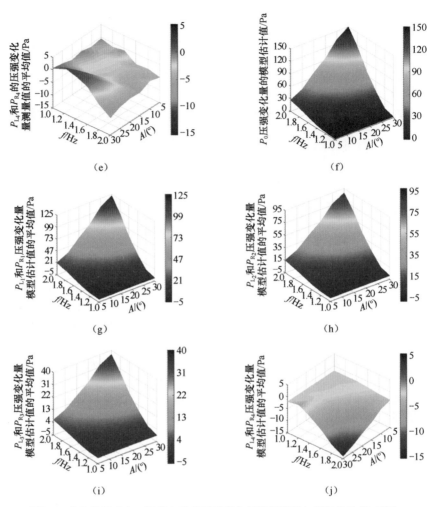

（e）

（f）

（g）

（h）

（i）

（j）

图3.7　在直线运动中，机器鱼体表压强变化量的测量值与模型估计值（续）

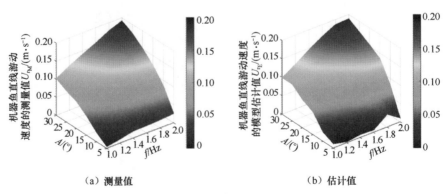

（a）测量值

（b）估计值

图3.8　在直线运动中，机器鱼直线运动速度的测量值与模型估计值

表3.5 4种运动中所估计的运动参数对应的R^2和MAE的具体数值

实验	评估参数	MAE	R^2
直线运动	压强变化量	2.7 Pa	0.98
	U_r	0.00600 m/s	0.910
转弯运动	压强变化量	1.9 Pa	0.97
	U_r	0.00520 m/s	0.874
上升运动	压强变化量	17 Pa	0.99
盘旋运动	压强变化量	20 Pa	0.99

为了验证获得的压强变化量模型，我们开展了 5 个不同的尾鳍摆动参数驱动下的验证实验。每一个实验重复 5 次，并计算 5 次实验获得的压强变化量的平均值和机器鱼速度的平均值。图 3.9 所示为机器鱼在直线运动验证实验中获得的机器鱼体表压强变化量的测量值与模型估计值。EP_0 和 MP_0 分别表示压强传感器 P_0 的测量值和对应的模型估计值。MEP_m 和 $MMP_m(m=1,2,3,4)$ 分别表示压强传感器 $P_{R_m}(m=1,2,3,4)$ 和 $P_{L_m}(m=1,2,3,4)$ 的平均测量值和平均的模型估计值。式（3.21）定义的绝对误差 ΔP 用于评估压强变化量模型的准确性。其中，$P_{measured}$ 和 $P_{estimated}$ 分别表示压强变化量的测量值与模型估计值。计算得到的最大和最小的绝对误差分别是 11 Pa 和 0.89 Pa。

$$\Delta P = \left| P_{measured} - P_{estimated} \right| \tag{3.21}$$

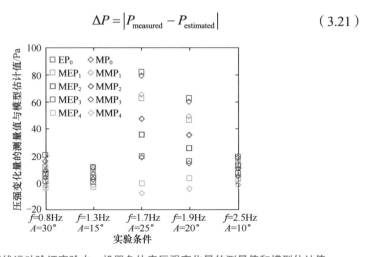

图3.9 在直线运动验证实验中，机器鱼体表压强变化量的测量值和模型估计值

图 3.10 所示为机器鱼在 5 次验证实验中速度 U_r 的测量值与模型估计值。式（3.22）中定义的百分比误差 δ 用于评估 U_r 估计的准确性。$U_{measured}$ 和 $U_{estimated}$ 分别表示 U_r 的测量值与模型估计值。在各个实验中，U_r 的百分比误差 δ 分别是 10.2%、6.73%、0.450%、0.650% 以及 0.0900%。

$$\delta = \left| \frac{U_{measured} - U_{estimated}}{U_{measured}} \right| \times 100\% \qquad （3.22）$$

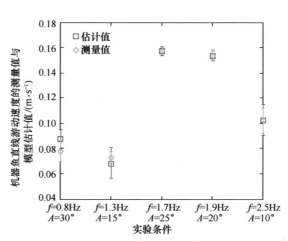

图3.10　在直线运动验证实验中，
机器鱼直线运动速度的测量值与模型估计值

图 3.11 所示为在直线运动中，机器鱼 10 s 内运动轨迹的测量结果和估计结果，二者的变化趋势高度吻合。图 3.12 所示为轨迹跟踪误差随时间的变化。对于直线运动，该误差来自于直线速度的估计误差和轨迹估计计算过程中的累积误差。机器鱼在 10 s 内游动了 1.76 m，但是终点位置的估计误差仅为 0.166 m，可见模型的准确性得到了有效的验证。

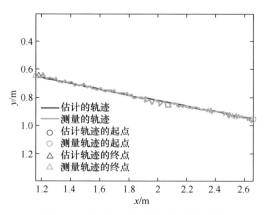

图3.11　10 s内机器鱼的直线运动轨迹

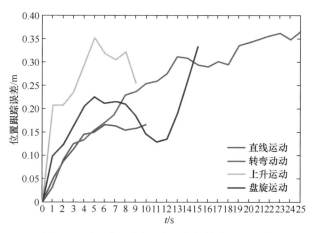

图3.12　在4种运动中，机器鱼的轨迹跟踪误差

3.4.2　转弯运动

在转弯运动中，$P_{Rm}(m=1,2,3,4)$ 测量的压强变化量用于辨识压强变化量模型和反向求解转弯速度 U_t。图 3.13 所示为在转弯运动中，机器鱼体表压强变化量的测量值与模型估计值，黑点和曲面分别表示体表压强变化量的实际值和基于最小二乘法获得的拟合值。图 3.14 和图 3.15 所示为在转弯运动中，机器鱼的转弯线速度 U_t、转弯半径 R_t 的测量值与模型估计值。从表 3.5 所示的 R^2 和 MAE 的数值可见，体表压强变化量、U_t 的估计值和测量值吻合得很好。

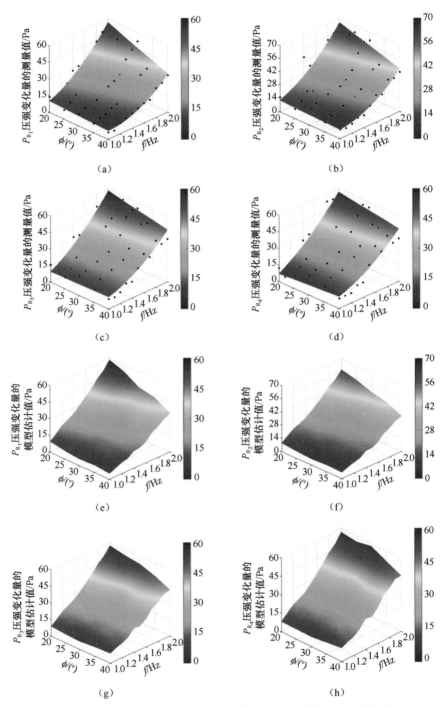

图3.13　在转弯运动中，机器鱼体表压强变化量的测量值与模型估计值

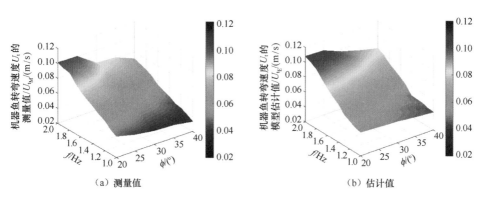

（a）测量值　　　　　　　　　　　　　　（b）估计值

图3.14　在转弯运动中，机器鱼转弯线速度的测量值与模型估计值

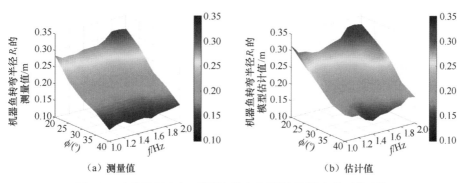

（a）测量值　　　　　　　　　　　　　　（b）估计值

图3.15　在转弯运动中，机器鱼转弯半径的测量值与模型估计值

图 3.16（a）所示为机器鱼转弯运动线速度的实时结果，测量值和模型估计值之间的平均绝对误差和最大绝对误差分别是 0.0175 m/s 和 0.0774 m/s。相比于文献 [6] 中机器鱼速度的估计结果，我们所提出的压强变化量模型可以准确估计机器鱼在低速转弯运动下的线速度。图 3.16（b）所示为转弯角速度 Ω_t 的实时结果。从 t=6 s 开始，Ω_t 围绕一个确定值进行振荡，这意味着机器鱼处于转弯运动的稳定状态。图 3.16（c）所示为机器鱼转弯半径 R_t 的实时估计值 R_{tE}。R_{tE} 是图 3.16（a）中的转弯运动线速度和图 3.16（b）中的转弯角速度的商值。在开始阶段（t=0～2 s），机器鱼的转弯半径较大，我们可以将此阶段视作直线运动。从 t=6 s 开始，R_{tE} 围绕一个确定值振荡，进入稳定状态。目前，很少有传感器能够用于直接测量机器鱼的实时转弯半径。因

此在实验过程中,我们无法获得机器鱼转弯半径的实时测量值。虽然可以尝试通过摄像头测量的坐标数据去估计实时转弯半径,但是准确度很低。故图3.16(c)仅仅展示了转弯半径的实时模型估计值。与此同时,考虑到转弯线速度的测量值和模型估计值之间的误差很小,如图3.16(a)所示,我们可以初步推断,转弯半径的实时模型估计值也会与真实值较好地吻合。此外,我们还采用转弯半径的模型估计值去估计机器鱼的运动轨迹,轨迹的测量结果和估计结果之间较小的误差进一步说明了估计的转弯半径的准确性。因此,我们的工作提供了一种获得机器鱼实时转弯半径的方法。图3.17所示为机器鱼偏航角的实时值和极角区间点随时间的变化。

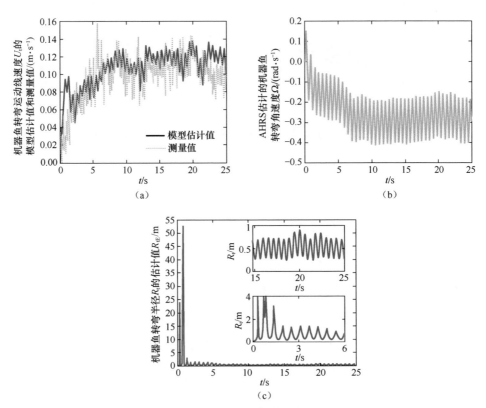

图3.16 在转弯运动中,机器鱼转弯运动线速度U_t、转弯角速度Ω_t以及转弯半径R_t的实时值

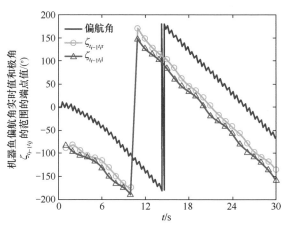

图3.17 机器鱼偏航角实时值和极角$\zeta_{t_{i-1}t_i j}$的区间端点实时值

图 3.18 所示为机器鱼在 25 s 内的转弯轨迹的测量值和估计值。如图 3.12 所示，对比 10 s 内的直线轨迹估计误差，10 s 内的转弯轨迹估计误差更大，达到 0.256 m。考虑到由于传感器本身的缺陷，在大的实验参数空间内，人工侧线系统测量的压强变化量原始数值存在突变，因此我们采用压强变化量的最小二乘拟合值去辨识压强变化量模型参数，这会影响估计的准确性，但是模型效果优于直接采用压强变化量辨识。对于转弯运动，估计轨迹和测量轨迹的终点误差是 0.362 m，而此时机器鱼的总路程已高达 2.51 m，因此转弯运动的估计准确性也得到了验证。

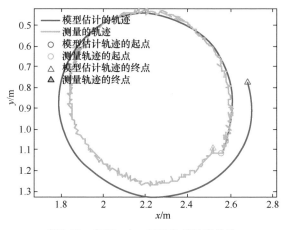

图3.18 在25 s内，机器鱼的转弯轨迹

3.4.3 上升运动

在上升运动中，由于运动的左右对称性，我们使用机器鱼左右两侧对应压强传感器数据的测量值的平均值和 P_0 的测量值去辨识压强变化量模型的参数，并反解获得上升运动线速度 U_g。图 3.19（a）所示为在上升运动中，机器鱼体表压强变化量的测量值与模型估计值。$P_m(m=1,2,3,4)$ 指的是 P_{Lm} 和 P_{Rm} 的测量值的平均值。黑色的标记点表示的是验证实验中的体表压强变化量，而其他颜色的标记点表示的是用于辨识体表压强变化量模型参数所用的测量数据和模型估计值。△表示估计值，而▽表示测量值。如图 3.19（b）所示，二者的误差很小。从表 3.5 中 R^2 和 MAE 的数值也可见，压强变化量的测量值与模型估计值吻合得很好。我们用 4 个验证实验来验证所建立的压强变化量模型的准确性。4 个实验中压强变化量测量值和估计值的百分比误差的最大值和最小值分别是 0.67% 和 0.056%。图 3.20 所示为上升运动线速度 U_g 的测量值与估计值，二者的百分比误差范围为 6.46% 到 14.9%。对于验证实验，U_g 的百分比误差在 Δd=-1.3 m、-1.0 m、-0.6 m，以及 -0.2 m 时分别是 2.08%、

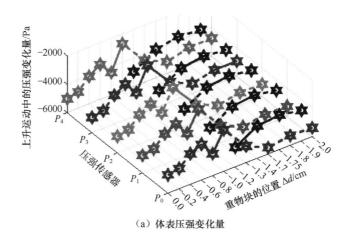

（a）体表压强变化量

图3.19　在上升运动中，机器鱼体表压强变化量的测量值和模型估计值

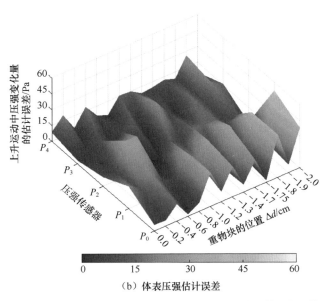

（b）体表压强估计误差

图3.19 在上升运动中，机器鱼体表压强变化量的测量值和模型估计值（续）

1.91%、2.76%以及10.9%。图3.21所示为机器鱼的上升运动轨迹。上升运动

轨迹跟踪误差主要来源于估计的上升速度和由静态压强传感器$P_{statics}$测量的深

度变化量。如图3.12所示，估计轨迹和测量轨迹终点之间的误差是0.253 m，

而此时机器鱼的运动路程已高达2.09 m，上升运动的估计准确性也得到了

验证。

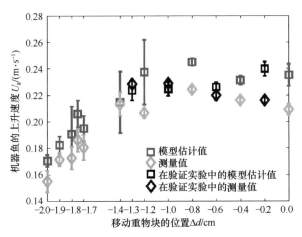

图3.20 在上升运动中，机器鱼的上升运动线速度的测量值与模型估计值

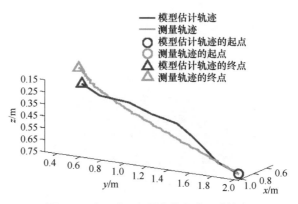

图3.21　在9s内，机器鱼的上升运动轨迹

3.4.4　盘旋运动

在盘旋运动中，机器鱼同样作逆时针运动，所以类似转弯运动，我们使用 $P_{R_m}(m=1,2,3,4)$ 测量的压强变化量辨识压强变化量模型的参数，并用于求解盘旋运动线速度 U_s。我们用三个验证实验来验证压强变化量模型以及其在估计盘旋运动线速度上的准确性。图 3.22 所示为在盘旋运动中，机器鱼体表压强变化量的测量值与模型估计值。黑色标记点表示验证实验中的体表压强变化量，而其他颜色的标记点表示的是用于辨识体表压强变化量模型参数所用的测量数据和模型估计值。△表示估计值，而▽表示测量值。从表 3.5 中 R^2 和 MAE 的数值可以看出体表压强变化量的测量值与模型估计值吻合得很好。此外，二者的百分比误差的最小值和最大值分别是 0.099% 和 1.7%。图 3.23 所示为盘旋运动线速度 U_s 的模型估计值和测量值，在 Δd 为 0、-0.4 m、-0.6 m、-1.2 m 以及 -1.6 m 时，二者的百分比误差分别是 10.7%、6.25%、13.6%、7.14% 以及 1.24%。对于验证实验，在 Δd=-0.2 m、-1.0 m 以及 -1.4 m 时，U_s 的百分比误差分别是 7.28%、13.3% 以及 3.44%。图 3.24 所示为在盘旋运动中，机器鱼盘旋半径 R_s 的测量值和模型估计值，二者的百分比误差从 4.33% 到 24.6%。图 3.25 所示为机器鱼在盘旋运动中的轨迹。图 3.12 所示

为盘旋运动中轨迹跟踪误差的实时值，该误差主要来源于估计的盘旋半径的误差、航姿传感器的测量误差以及压强传感器 P_{statics} 得出的深度误差。总的来说，模型估计的轨迹和测量的轨迹之间能够较好地吻合。二者的终点误差为 0.333 m，而此时机器鱼的运动路程已经达到了 2.08 m，盘旋运动的模型估计准确性也得到了验证。

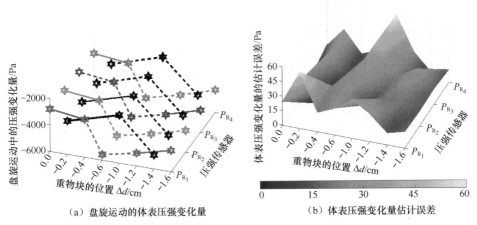

(a) 盘旋运动的体表压强变化量　　　　　　(b) 体表压强变化量估计误差

图3.22　在盘旋运动中，机器鱼体表压强变化量的测量值与模型估计值

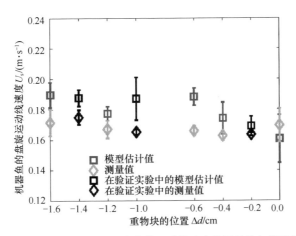

图3.23　在盘旋运动中，机器鱼盘旋运动线速度的测量值与模型估计值

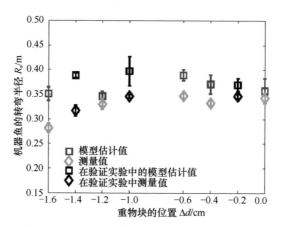

图3.24　在盘旋运动中，机器鱼盘旋半径R_s的测量值与模型估计值

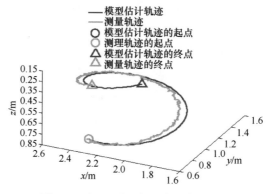

图3.25　在15 s内，机器鱼的盘旋轨迹

3.5　讨论

　　本章中的探究实验都是在实验室条件下进行的，没有考虑压强传感器阵列组成的人工侧线系统在野外水域中的可行性与稳定性。基于压强传感器阵列的人工侧线系统在野外应用的关键是传感器的标定。在实验室条件下，所有的传感器都用其在静水中的压强数值标定。然而，考虑到野外水环境的复杂性（包括不确定的湍流、水温、大气压等），传感器标定变得十分困难。尽管如此，一些文献中已经探讨了这一问题[10-12]。在文献 [10] 中，作者介绍了一种通用的标定流程，包括对温度、大气压、水深以及传感器偏差的标

定。具体来说，他们建立了一些标定方程来标定压强信号。此外，他们还将所有的压强传感器读数都与一个特定的压强传感器的读数进行了归一化处理，以保证不同传感器之间读数的可比性。在文献 [11] 中，作者展示了一种基于神经网络的压强传感器的温漂补偿方法，这一方法有效地移除了温度漂移的影响，在一定程度上保证了传感器读数的准确性。在文献 [12] 中，作者提出了一种基于支持向量机的标定模型，用来移除温度和电路中电压波动对传感器读数的影响。这些方法都为压强传感器在野外的标定提供了一定的参考。

本章小结

本章没有涉及严格的动力学模型，而是从新的角度出发，探究机器鱼如何利用新型传感器系统——人工侧线系统，进行直线运动、转弯运动、上升运动以及盘旋运动中运动参数的自主估计，从而实现对运动轨迹的评估。具体来说，我们首先建立了自由游动的机器鱼的体表压强变化量与运动参数之间的关系模型，该模型适用于直线运动、转弯运动、上升运动以及盘旋运动，并且利用最小二乘法计算得到了从理论上难以求解的系数。基于所建立的模型，机器鱼的运动参数，包括线速度、角速度、转弯半径、盘旋半径，都可以通过人工侧线系统测量的数据反解得到。基于反解得到的运动参数，可以计算出机器鱼在三维空间内的运动轨迹。我们将基于侧线压强传感器数据估计的运动参数值与实际运动参数值进行对比，将估计的轨迹与实际的轨迹进行对比，证明了这一方法的可行性。这项工作证明了人工侧线系统在机器鱼运动参数识别与自主轨迹估计方面的有效性和实用性，人工侧线系统有潜力成为水下机器人通用传感系统的基本元件。

本章研究结果的主要的贡献点总结如下。

（1）提出了一个关联机器鱼体表压强变化量和运动参数的模型，运动参数包括线速度、角速度、运动半径等，该模型适用于机器鱼的三维运动，包括直线运动、转弯运动、上升运动、盘旋运动等。

（2）在较大的实验参数空间内开展实验以确定和验证所建立的体表压强变化量模型。

（3）基于人工侧线系统，可实现机器鱼运动参数的在线估计，这个问题对于厘米级水下机器人而言一直是个难题。

（4）提出了一种新的水下机器人位置跟踪方法，这对水下机器人的控制具有重要意义。

在未来，我们将会关注压强传感器在野外环境中的标定，尝试提升人工侧线系统在自然环境中的适用性。此外，我们还将会尝试设计轨迹跟踪闭环控制回路，将人工侧线系统估计的轨迹信息作为闭环控制的反馈信息，实现流场信息辅助的机器人轨迹跟踪控制。

参考文献

[1] LEONARD J J, DURRANT-WHYTE H F. Mobile robot localization by tracking geometric beacons[J]. IEEE Transactions on robotics and Automation, 1991, 7(3):376-382.

[2] YUN X, BACHMANN E R, MCGHEE R B, et al. Testing and evaluation of an integrated gps/ins system for small auv navigation[J]. IEEE Journal of Oceanic Engineering, 1999, 24(3): 396-404.

[3] STANWAY M J. Water profile navigation with an acoustic doppler current profiler[C]// OCEANS'10 IEEE SYDNEY. Piscataway, USA: IEEE, 2010. DOI: 10.1109/ OCEANSSYD.2010.5603647.

[4] ELFES A. Sonar-based real-world mapping and navigation[J]. IEEE Journal on Robotics and Automation, 1987, 3(3): 249-265.

[5] BURGARD W, DERR A, FOX D, et al. Integrating global position estimation and position tracking for mobile robots: the dynamic markov localization approach[C]//1998 IEEE/ RSJ International Conference on Intelligent Robots and Systems. Piscataway, USA: IEEE,

1998: 730-735.

[6]　AKANYETI O, CHAMBERS L D, JEŽOV J, et al. Self-motion effects on hydrodynamic pressure sensing: part I. forward-backward motion[J]. Bioinspiration & Biomimetics, 2013, 8(2). DOI: 10.1088/1748-3182/8/2/026001.

[7]　WANG W, LI Y, ZHANG X X, et al. Speed evaluation of a freely swimming robotic fish with an artificial lateral line[C]//2016 IEEE International Conference on Robotics and Automation. Piscataway, USA: IEEE, 2016: 4737-4742.

[8]　ASADNIA M, KOTTAPALLI A G P, SHEN Z Y, et al. Flexible and surfacemountable piezoelectric sensor arrays for underwater sensing in marine vehicles[J]. IEEE Sensors Journal, 2013, 13(10): 3918-3925.

[9]　LIGHTHILL J. Estimates of pressure differences across the head of a swimming clupeid fish[J]. Philosophical Transactions: Biological Sciences, 1993, 341(1296): 129-140.

[10]　STROKINA N, KÄMÄRÄINEN J K, TUHTAN J A, et al. Joint estimation of bulk flow velocity and angle using a lateral line probe[J]. IEEE Transactions on Instrumentation and Measurement, 2016, 65(3):601-613.

[11]　ZHOU G W, ZHAO Y L, GUO F F. A temperature compensation system for silicon pressure sensor based on neural networks[C]// The 9th IEEE International Conference on Nano/Micro Engineered and Molecular Systems (NEMS). Piscataway, USA: IEEE, 2014: 467-470.

[12]　XIE W J, BAI P. A pressure sensor calibration model based on support vector machine[C]// 2012 24th Chinese Control and Decision Conference (CCDC). Piscataway, USA: IEEE, 2012: 3239-3242.

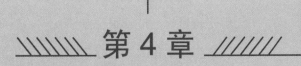

\\\\\\\ 第 4 章 ///////

基于人工侧线的双机器鱼
相对位姿感知实验研究

第 3 章探究了单机器鱼如何在水流中借助人工侧线识别自身的运动参数、运动轨迹和位置。而在自然界中，鱼类往往以集群的方式游动，呈现出一定的生物学特性。当鱼类集群游动时，它们能够借助侧线感知鱼群信息，从而保持一定的队形。受此启发，我们认为人工侧线也应具备感知邻近机器鱼的能力。因此本章将人工侧线在单机器鱼上的应用拓展到双机器鱼，进行邻近机器鱼相对位姿感知实验研究。已有的侧线感知研究大部分都是在实验室条件下进行的，水流刺激形式较为简单，大致有 3 种：水流过圆柱体形成的卡门涡街[1-2]、振荡球振动产生的波动[3-9]和可控的层流[10-12]。虽然这些水流形式能够很好地模拟鱼鳍和鱼体的节律性摆动，但是无论从空间分布还是时间分布的角度来看，自然界的流动复杂性远胜于此。真实鱼类在游动中面对的最常见的水流形式，就是由邻近鱼类摆尾产生的尾涡，在侧线的帮助下，它们能够定位目标，进行跟踪或捕食[13]。然而，目前很少有研究探究如何用人工侧线模拟真实鱼类侧线感知邻近鱼产生的水流刺激。随着仿生机器鱼外形结构与驱动方式的不断优化，它们在水动力学特征和游动性能方面与真实鱼类越来越相似，尤其是尾鳍摆动产生的反卡门涡街[14]。

本章主要使用一条搭载有由压强传感器阵列组成的人工侧线系统的机器鱼去感知上游机器鱼摆动产生的尾涡。首先利用计算流体力学（computation fluid dynamics，CFD）仿真初步探究了尾涡的分布特征。然后在低湍流水洞中进行多个实验，探究上游机器鱼摆动产生的尾涡引起的下游机器鱼传感器的动态压强变化量，通过分析下游机器鱼人工侧线系统测取的压强变化量数据，得出上游机器鱼和下游机器鱼之间的相对状态。有研究已经探究了下游机器鱼利用人工侧线系统感知其与上游机器鱼之间的相对侧向距离和相对纵向距离 [15-16]，本章进一步利用人工侧线系统去感知上下游机器鱼间的相对深度距离。如图 4.1（a）所示，相对侧向距离和相对深度距离分别指的是相邻机器鱼的质心沿 x 轴和 z 轴的距离，相对纵向距离指的是上游机器鱼尾鳍末端点到下游机器鱼鱼头鼻尖的距离。我们探究了下游机器鱼如何利用人工侧线系统感知上游机器鱼的摆动幅度、频率和偏置角。此外，我们还探究了下游机器鱼对上游机器鱼的相对偏航角、俯仰角和横滚角的感知。机器鱼的偏航运动、俯仰运动和横滚运动如图 4.1（b）所示。

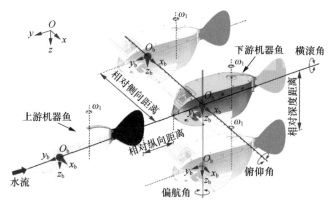

（a）相对位置和姿态运动的定义

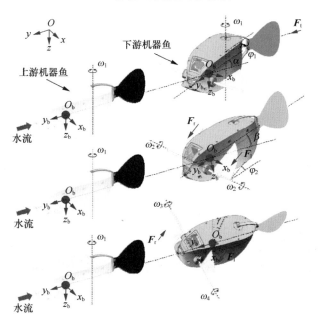

（b）相对姿态的定义（红点表示机器鱼的质心）

图 4.1　邻近机器鱼之间的相对位姿

4.1 实验设计

4.1.1 实验平台

本章的实验均是在北京大学湍流与复杂系统国家重点实验室的低湍流循环水洞（见图 4.2）中进行的。实验在水槽的主要测试段开展，该段的尺寸（长 × 宽 × 高）是 600 cm × 40 cm × 50 cm。此外，水槽中的水流循环由一个轴流泵驱动。通过调节轴流泵的转动速度，水槽中就能够产生特定速度的层流。在实验之前，我们利用数字粒子图像测速技术（digital particle image velocimetry，DPIV）测定了水流的层流性能和速度。在实验中，轴流泵的转动速度固定在 200 r/min，在此转动速度下，水流速度是 17.5 cm/s。

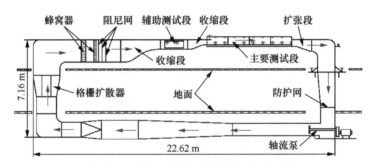

（a）循环水洞的组成介绍

（b）循环水洞实物（箭头表示水流的方向，机器鱼位置由圆圈标出）

图 4.2　低湍流循环水洞

4.1.2 实验方法

机器鱼尾鳍的摆动在产生向前的推进力的同时，也会对水流产生向后的反作用力。对于两条呈领航 - 跟随队形的机器鱼，二者之间的力作用主要指的是前方机器鱼尾鳍产生的向后的作用力。力的产生来自于领航鱼的尾鳍摆动，受力的主要物体为跟随鱼的鱼体，因此两条相邻机器鱼之间的相对状态可以近似简化成下游的机器鱼与上游尾鳍直接的相对状态，如图4.3（a）所示。在本章中，我们开展3类实验去探究上述的相对状态，具体为：（1）感知相对深度位置，即下游机器鱼与上游尾鳍之间的相对深度距离；（2）感知上游尾鳍相对于下游机器鱼的摆动状态（摆动幅度 A、频率 f、偏置角 ϕ）；（3）感知相对姿态，即下游机器鱼相对于上游尾鳍的相对偏航角 α、相对俯仰角 β 和相对横滚角 γ。

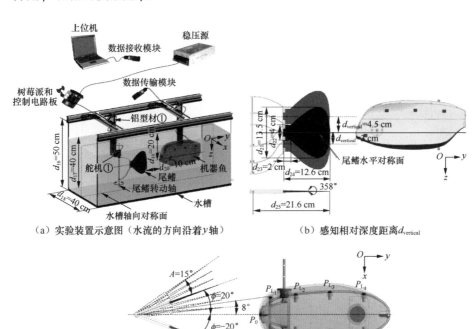

（a）实验装置示意图（水流的方向沿着 y 轴）　　　　（b）感知相对深度距离 $d_{vertical}$

（c）感知上游尾鳍的摆动状态

图4.3　实验示意图

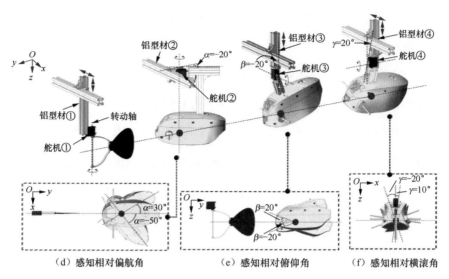

（d）感知相对偏航角　　　（e）感知相对俯仰角　　（f）感知相对横滚角

图 4.3　实验示意图（续）

4.1.3　实验参数

如图 4.3（a）所示，在所有的实验中，上游尾鳍的摆动轴和下游机器鱼的质心固定在水槽的左右宽度的正中央。当下游机器鱼的偏航角、俯仰角、横滚角均为 0° 时，下游机器鱼的压强传感器 P_0 和上游尾鳍末端之间的距离是 10 cm。此外，P_0 和水面之间的深度距离是 20 cm。我们将相对深度距离定义为下游机器鱼的 P_0 和上游尾鳍的水平对称面之间的距离。当下游机器鱼的 P_0 在上游尾鳍的水平对称面内时，相对深度距离是 0。当下游机器鱼的 P_0 在上游尾鳍水平对称面上方时，相对深度距离是一个正值，否则为负值。通过调整图 4.3（a）中的铝型材沿着 z 方向移动，相对深度距离可以从 -4.5 cm 变化到 4.5 cm，间隔为 1.5 cm，如图 4.3（b）所示。摆动偏置角 ϕ 定义如图 4.3（c）所示，当上游尾鳍的初始摆动方向在下游机器鱼的左侧时，相对摆动偏置角 ϕ 定义成正值，否则为负值。图 4.3（d）~图 4.3（f）分别表示相对偏航角 α、相对俯仰角 β 和相对横滚角 γ 的定义。实验中，通过将上述图中的铝型材②、③、④沿着 x 轴、y 轴、z 轴移动，能够改变下游机器鱼的偏航角、俯仰角和横滚角。我们采用控制变量法进行所有的实验，除需要探究的变量外，保持其他的变量为常用值不变，具体的实验参数详见表 4.1。

表 4.1 实验参数

实验	上游尾鳍的摆动参数			上游尾鳍和下游机器鱼的相对状态		
	幅度 A /（°）	频率 f /Hz	偏置角 ϕ /（°）	相对偏航角 α /（°）	相对俯仰角 β /（°）	相对横滚角 γ /（°）
感知 Δd	15	1.0	0	0	0	0
感知 A	{0,2,4,6,···, 26,28,30}	1.0	0	0	0	0
感知 f	15	{0.5,0.6,0.7, 0.8,0.9,1.0}	0	0	0	0
感知 ϕ	15	1.0	{−30,−25,−20, ···,20,25,30}	0	0	0
感知 α	15	1.0	0	{−90,−80,−70, ···,70,80,90}	0	0
感知 β	15	1.0	0	0	{−20,−15,−10, ···,10,15,20}	0
感知 γ	15	1.0	0	0	0	{−50,−40,−30, ···,30,40,50}

4.1.4 实验过程

首先，将上游尾鳍和下游的机器鱼按照给定的相对位置和相对姿态固定在水槽中，在静水中记录 30 s 的下游机器鱼压强传感器数据，其平均值记作 V_1。然后，停止实验数据记录并启动上游尾鳍使之以特定的幅度、频率和偏置角摆动，在下游区域产生涡街，同时导致流场中的动态压强变化。等待 10 s 直至上游尾鳍产生的涡街稳定后，记录 2 min 的下游机器鱼压强传感器数据并将平均值记作 V_2。最后，停止实验数据记录后再停止舵机的运转。V_1 和 V_2 之间的差值（ $\Delta V = V_2 - V_1$ ）反映了上游尾鳍摆动导致的动态压强变化量。对于每一个相对深度距离、每一个上游尾鳍的摆动状态（摆动幅度、频率和偏置角），以及每一个相对姿态（相对偏航角、相对俯仰角和相对横滚角），上述的实验记录重复 5 次。利用这些数据可以分析得到流场中的动态压强变化量与相对深度距离、上游尾鳍的摆动状态（摆动幅度、频率和偏置角）以及相对姿态（相对偏航角、相对俯仰角和相对横滚角）之间的关系。

4.2 感知实验探究对应的计算流体力学仿真内容

如前面所述，上游尾鳍摆动产生的尾涡会导致流场中的动态压强变化。为了对流场中的动态压强变化量有一个先验的了解，我们采用计算流体力学仿真软件 Fluent 初步探究尾涡的分布性质。在仿真中，我们选择和实验中一样的尾鳍摆动参数、上游尾鳍和下游机器鱼相对位置及相对姿态数据，即尾鳍的摆动幅度、频率和偏置角分别固定为 15°、1 Hz 和 0°，上游尾鳍和下游机器鱼之间的相对偏航角、俯仰角和横滚角都固定为 0°，二者的相对侧向距离、相对深度距离和相对纵向距离分别是 0 cm、0 cm 和 10 cm。此外，水流速度固定为 17.5 cm/s。

图 4.4 所示为尾鳍在一个摆动周期内后方流场的涡量变化过程。首先，在尾鳍摆动方向发生变化的时刻，一个尾涡开始形成，如图 4.4（a）所示。然后，尾鳍继续摆动，尾涡继续生成，如图 4.4（b）所示。最后，尾涡逐渐发展并最终在尾鳍到达另一侧的极限位置时从尾鳍脱落，如图 4.4(c) 所示。在一个尾鳍摆动周期内，共有两个旋转方向相反的尾涡从摆动尾鳍末端脱落，且两个尾涡在下游区域呈上下并行分布。图 4.4（d）～图 4.4（f）重复上述摆动过程。此外，尾鳍的摆动幅度决定了两个尾涡之间的并行距离。

图 4.5 所示为尾鳍摆动产生的涡量在三维空间中的分布，与文献 [17] 中的描述相符。最大涡量位于尾鳍的水平对称面，并沿着 z 轴向两侧减小。因此可以借助伯努利定理推断出，最大的动态压强变化量存在于摆动尾鳍的水

平对称面。此外，动态压强变化量从该水平对称面沿 z 轴向两侧减小。

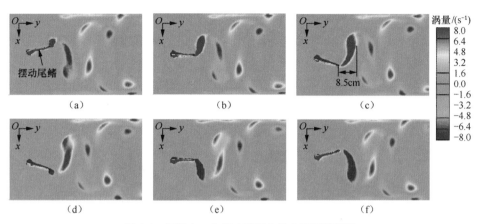

图 4.4 尾鳍在一个摆动周期内后方流场的涡量

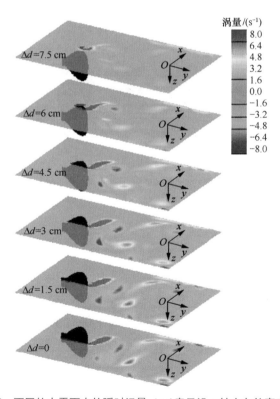

图 4.5 不同的水平面内的瞬时涡量（Δd 表示沿 z 轴方向的高度差）

图 4.6 所示为摆动尾鳍后方的涡环。如图 4.6（c）所示，尾鳍后方的涡

结构相对于尾鳍水平对称面对称。因此可以推断出动态压强变化量相对于尾鳍水平对称面对称。此外，随着与摆动尾鳍末端距离的增加，脱落的尾涡逐渐耗散。因此，下游机器鱼体表的动态压强变化量从头部到尾部逐渐减小，如图 4.7 所示。在图 4.7 中，红色的箭头表示尾鳍的摆动方向，t 表示时间，T 表示尾鳍的摆动周期。

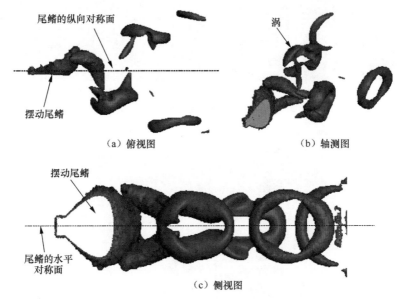

(a) 俯视图　　　　　　　(b) 轴测图

(c) 侧视图

图 4.6　单尾鳍后方的瞬时涡环

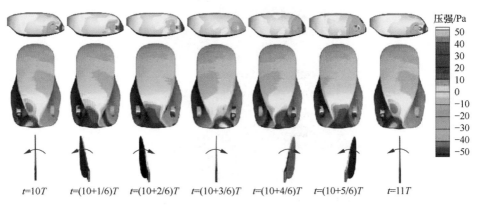

$t=10T$　$t=(10+1/6)T$　$t=(10+2/6)T$　$t=(10+3/6)T$　$t=(10+4/6)T$　$t=(10+5/6)T$　$t=11T$

图 4.7　基于计算流体力学仿真软件 Fluent 获得的单尾鳍摆动导致的动态压强变化

4.3 感知实验

4.3.1 各感知实验中压强传感器测得的动态压强变化量

在本节中，我们先给出各个实验中下游机器鱼每一个压强传感器测得的动态压强变化量均值，如图 4.8 ~ 图 4.14 所示。如图 4.7 所示，下游机器鱼的左侧压强传感器和右侧压强传感器在上游尾鳍一个摆动周期内，动态压强变化量呈正负交替变化，具有一定的对称性。因此，在运动具有对称性的实验中，即在感知 Δd、A、f、β 的实验中，机器鱼左右两侧对应的压强传感器记录的动态压强变化量几乎相等，如图 4.8、图 4.10 和图 4.13 所示，我们在后面的一些叙述中将左右对称的两个传感器进行均值处理。在感知上游尾鳍摆动偏置角的实验中，随着摆动偏置角的增加，上游尾鳍脱落的尾涡逐渐偏离水流方向，并且在传播过程中会被来流冲散，耗散增快，因此动态压强变化量主要位于下游机器鱼的鱼头。基于这一分析，我们主要关注压强传感器 P_0、P_{L_1}、P_{R_1} 测得的动态压强变化量。

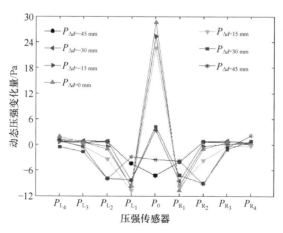

图 4.8 在感知相对深度变化（Δd）实验中，
下游机器鱼各压强传感器测得的动态压强变化量

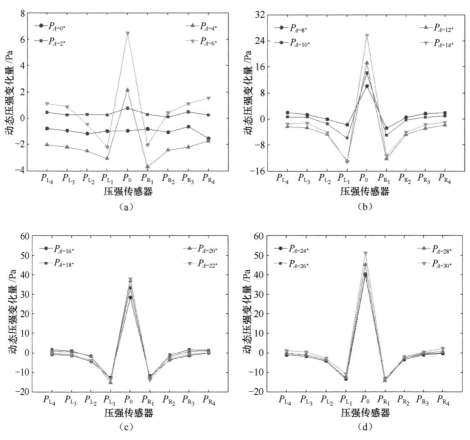

图 4.9　在感知上游尾鳍摆动幅度（*A*）实验中，下游机器鱼各压强传感器测得的动态压强变化量

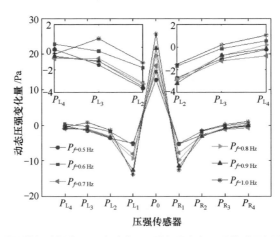

图 4.10　在感知上游尾鳍摆动频率（*f*）实验中，下游机器鱼各压强传感器测得的动态压强变化量

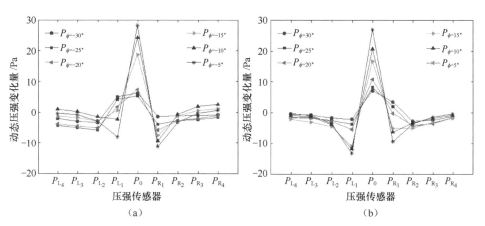

图 4.11　在感知上游尾鳍摆动偏置角（ϕ）实验中，下游机器鱼各压强传感器测得的动态压强变化量

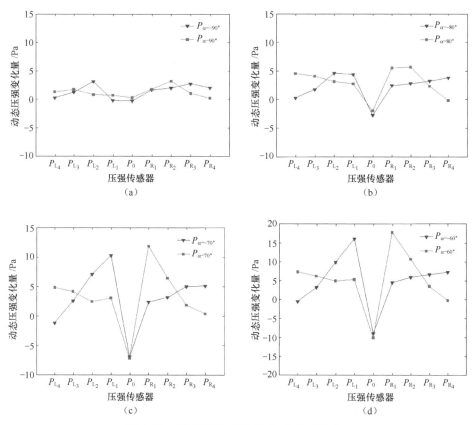

图 4.12　在感知相对偏航角（α）的实验中，
下游机器鱼各压强传感器测得的动态压强变化量

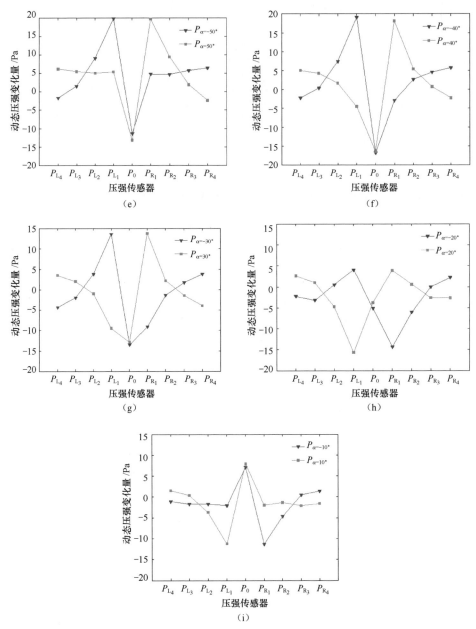

图 4.12　在感知相对偏航角（α）的实验中，
下游机器鱼各压强传感器测得的动态压强变化量（续）

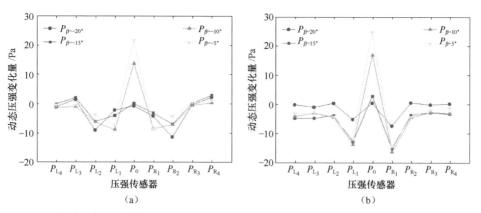

图 4.13　在感知相对俯仰角（β）的实验中，下游机器鱼各压强传感器测得的动态压强变化量

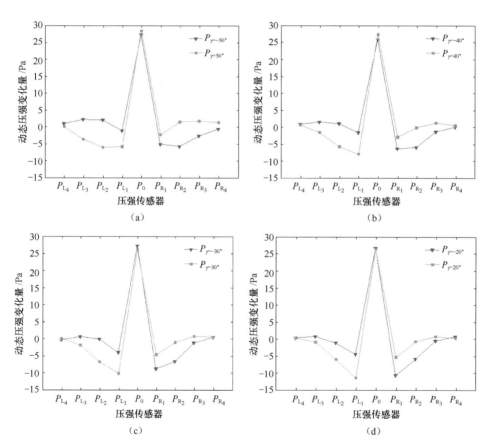

图 4.14　在感知相对横滚角（γ）的实验中，下游机器鱼各压强传感器测得的动态压强变化量

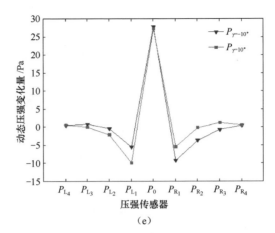

图 4.14　在感知相对横滚角（γ）的实验中，下游机器鱼各压强传感器测得的动态压强变化量（续）

4.3.2　双机器鱼相对深度感知实验

根据伯努利定理，流体流速的增大会导致流体动态压强的减小[18]。考虑到上游尾鳍脱落的尾涡引起流场中的流速变化，所以尾涡会导致流体动态压强变化量的变化，且变化方向相反。这样的作用称为尾涡对流体动态压强变化的"负效应"。另一方面，尾涡会产生向后的推力作用，该作用会导致流体动态压强变化量为正。这样的作用称为尾涡对流体动态压强变化的"正效应"。此外，上游尾鳍产生的推力主要存在于尾鳍的正后方区域。如图 4.15 所示，下游机器鱼两侧因为有尾涡传播，尾涡的"负效应"使得下游机器鱼两侧的压强传感器测得的动态压强变化量是负值。相比之下，压强传感器 P_0 测得的动态压强变化量为正值，这是因为这一压强传感器所处的位置正对尾涡，迎面受到推力的作用，"正效应"强于"负效应"。对于 P_0 和 P_1（P_{L_1} 和 P_{R_1}），其测量的动态压强变化量相对于 $d_{vertical}=0$ 轴大致对称。在 $d_{vertical}=0$ 时，动态压强变化量达到最大。随着相对深度距离绝对值的增大，涡量强度减小，动态压强变化量的绝对值逐渐减小。对于 P_2（P_{L_2} 和 P_{R_2}），随着相对深度距离的增加，它们逐渐到达上游尾鳍的水平对称面。因此，P_2（P_{L_2} 和

P_{R_2}）测得的动态压强变化量逐渐增大。此外，P_3（P_{L_3} 和 P_{R_3}）和 P_4（P_{L_4} 和 P_{R_4}）测得的动态压强变化量接近 0，因为尾涡在下游机器鱼后部会逐渐耗散。注意，P_n（n=1,2,3,4）的具体数值是 P_{L_n}、P_{R_n} 的数值的平均值，后面内容与此相同。

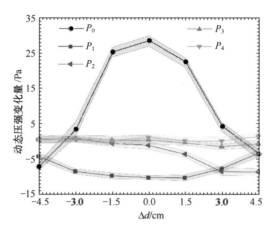

图 4.15 动态压强变化量与相对深度距离 Δd 之间的关系

4.3.3 上游尾鳍摆动幅度感知实验

如图 4.16 所示，下游机器鱼的 P_0 测得的动态压强变化量随着上游尾鳍摆动幅度的增加而增加。此外，P_1（P_{L_1} 和 P_{R_1}）和 P_2（P_{L_2} 和 P_{R_2}）测得的动态压强变化量在上游尾鳍摆动幅度从 0° ~ 12° 变化时逐渐减小，然后几乎保持不变。具体来说，P_1（P_{L_1} 和 P_{R_1}）测得的动态压强变化量保持在 -14Pa 左右，而 P_2（P_{L_2} 和 P_{R_2}）测得的动态压强变化量保持在 -4Pa 左右。上述数据特征产生的主要原因：正如计算流体力学仿真结果所示，在上游尾鳍一个摆动周期内，摆动幅度决定了该周期内脱落的两个涡的侧向间距。当上游尾鳍的摆动幅度小于 12° 时，两个尾涡之间的侧向距离小于下游机器鱼的鱼头宽度。也就是说，下游机器鱼的鱼头会阻挡尾涡的传播路径。因此，尾涡在下游机器鱼的鱼头处被打散。当上游尾鳍的摆动幅度增加时，尾涡的脱落位置会逐渐移动到下游机器鱼的鱼头宽度范围之外。因此，P_1（P_{L_1} 和 P_{R_1}）、P_2

（P_{L2} 和 P_{R2}）测得的动态压强变化量会逐渐增加。根据数据结果可以推断，当上游尾鳍的摆动幅度超过 12° 时，一个周期内脱落的两个尾涡之间的侧向距离超过下游机器鱼的鱼头宽度，此后尾涡会沿着下游机器鱼鱼体两侧进行传播。此外，因为脱落的尾涡在传播过程中会逐渐耗散。所以，下游机器鱼的鱼体后部的压强传感器测得的动态压强变化量绝对值会更小。

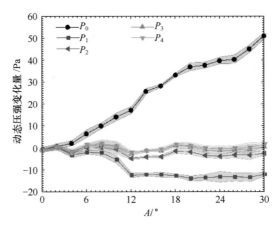

图 4.16　动态压强变化量与上游尾鳍摆动幅度 A 之间的关系

4.3.4　上游尾鳍摆动频率感知实验

　　如图 4.17 所示，下游机器鱼的 P_0 测得的动态压强变化量随着上游尾鳍摆动频率的增加而不断增加，而 P_1（P_{L1} 和 P_{R1}）测得的动态压强变化量则不断减小。此外，P_2（P_{L2} 和 P_{R2}）、P_3（P_{L3} 和 P_{R3}）、P_4（P_{L4} 和 P_{R4}）测得的动态压强变化量分别保持在 $-3\,Pa$，$-1\,Pa$ 以及 $0\,Pa$ 左右。图 4.18 所示为利用频谱分析获得的下游机器鱼动态压强变化量的主频统计结果。对于压强传感器 P_0，其测得的动态压强变化量的主频是上游尾鳍摆动频率的两倍。对于下游机器鱼的鱼体两侧的压强传感器，其测得的动态压强变化量的主频等于上游尾鳍的摆动频率。这可能是因为上游尾鳍在一个周期内脱落出两个尾涡，下游机器鱼的鱼头鼻尖处压强传感器在一个周期内能够感知到两次尾涡的存在造成的。随后，这两个尾涡从下游机器鱼的鱼头分开，并沿着下游机器鱼两侧传播。因此对于下游机器鱼两侧压强传感器，它们可以比较准确地感知到一侧的尾涡频率，这也就是上游尾鳍的摆动频率。此外，相比于 P_0、P_{L1}、P_{R1}，其他的压强传感器频率感知准确性要明显低一些，这是因为脱落的尾涡在传播过程中会逐渐耗散，当传播到 P_3（P_{L3} 和 P_{R3}）和 P_4（P_{L4} 和 P_{R4}）处时，尾涡强度较弱并且比较紊乱。

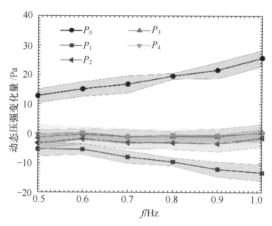

图 4.17　动态压强变化量与上游尾鳍摆动频率 f 之间的关系

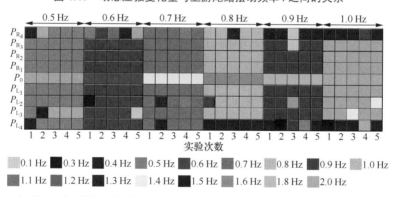

图 4.18　在感知上游尾鳍摆动频率的实验中，利用频谱分析获得的下游机器鱼动态压强变化量主频的频率成分统计结果（彩色云图上的数值表示上游尾鳍摆动频率数值）

4.3.5　上游尾鳍摆动偏置角感知实验

在感知上游尾鳍摆动偏置角的实验中，摆动偏置角的增加会导致尾涡的传播路径逐渐偏离水流的方向。在这种情况下，上游尾鳍摆动产生的尾涡会被来流冲散，耗散更快。因此，下游机器鱼的鱼头是动态压强变化量最明显的区域。基于这一点，我们主要分析位于下游机器鱼鱼头的 P_0、P_{L_1}、P_{R_1}，以获得上游尾鳍摆动偏置角与下游机器鱼动态压强变化量之间的定性和定量关系。如图 4.19 所示，P_0 测得的动态压强变化量相对于 $\phi=0°$ 轴呈现对称分布。当上游尾鳍摆动偏置角在 0° 左右时，下游机器鱼动态压强变化量达到最大。此外，当上游尾鳍摆动偏置角的绝对值逐渐增大，尾鳍产生的向后的作用力逐渐偏离下游机器鱼，"正效应"减弱。因此，P_0 测得的动态压强变化量会逐渐减小。

对于 P_{L_1} 和 P_{R_1}，测得的动态压强变化量相对于 $\varphi=0°$ 轴呈现反对称现象。以 P_{L_1} 为例，动态压强变化量随着上游尾鳍摆动偏置角的增大而先减小后增大，下游机器鱼动态压强变化量最小处在上游摆动尾鳍偏置角是 5° 时出现。上述变化趋势的一个可能的原因如下。

（1）当上游尾鳍的摆动偏置角从 0° 变化到 5° 时，传播到 P_{L_1} 的尾涡相对来说更加完整，减少了在下游机器鱼鱼头处的损坏，该尾涡导致了在 P_{L_1} 附近的最大局部流速的增加。根据伯努利定理，该处动态压强变化量达到最小值。随着上游尾鳍摆动偏置角的继续增加，达到 8° 时，上游尾鳍逐渐朝向 P_{L_1}，如图 4.3（c）所示。在此情况下，对于 P_{L_1}，受到上游尾鳍向后的作用力逐渐加强，而由于尾涡传播带来的作用逐渐减弱。因此，P_{L_1} 测得的动态压强变化量会逐渐增加。随着摆动尾鳍偏置角的继续增加，上游尾鳍会逐渐偏离 P_{L_1}，上游尾鳍向后作用力的作用范围也会逐渐地偏离 P_{L_1}。与此同时，尾涡也逐渐地偏离水流的传播方向，并被水流冲散。上述两个因素导致了 P_{L_1} 周围流场压强变化越来越不显著。

（2）当上游尾鳍摆动偏置角从 0° 减小，同样因为摆动尾鳍逐渐偏离 P_{L_1}，因此，P_{L_1} 周围流场压强变化也越来越不显著。此外，当摆动尾鳍的偏

置角小于 -12° 时，动态压强变化量变为正值，这可能是因为水槽壁面反弹回来的水流波动的作用造成的。

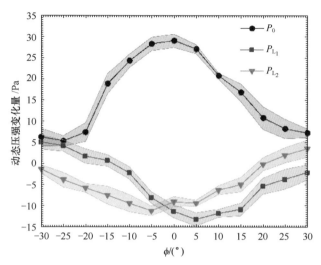

图 4.19　动态压强变化量与上游尾鳍摆动偏置角 ϕ 之间的关系

4.3.6　双机器鱼相对偏航角感知实验

如图 4.20（a）所示，下游机器鱼压强传感器 P_0 测得的动态压强变化量曲线相对于 $\alpha=0°$ 轴对称。当相对偏航角在 0° 左右时，P_0 位于上游尾鳍的正后方。正如之前所述，在这一区域，尾鳍摆动产生的向后的"正效应"最强，而尾涡传播产生的"负效应"最弱。因此，P_0 测得的动态压强变化量达到最大。随着相对偏航角绝对值的增加，P_0 逐渐远离上游尾鳍向后作用力的范围。与此同时，上游尾鳍脱落的尾涡导致的"负效应"逐渐增加。因此，动态压强变化量逐渐减小到负值并在相对偏航角为 ±40° 时达到最小值。当相对偏航角超过 ±40°，因为下游机器鱼和上游尾鳍之间的距离持续增加，尾鳍向后作用力带来的"正效应"和尾涡脱落导致的"负效应"均在减弱。因此，P_0 周围流场中的动态压强变化量的绝对值均逐渐减小至零。

对于 P_{L_1} 和 P_{R_1}，这两个传感器测得的动态压强变化量相对于 $\alpha=0°$ 轴呈现反对称。以 P_{L_1} 为例，其动态压强变化量在偏航角从 0° 变化到 20° 时逐渐减小并达到最小值。这是因为当相对偏航角是 20° 时，P_{L_1} 非常接近左侧脱落尾涡的传播路径。因此，尾涡导致的"负效应"在相对偏航角是 20° 时达到峰值，导致了动态变化量的一个谷值。当相对偏航角超过 20° 时，"负效应"逐渐减弱。因此，P_{L_1} 测得的动态压强变化量逐渐增加，直到相对偏航角达到 50° 时。当相对偏航角超过 50° 时，下游机器鱼的鱼体阻挡了上游尾鳍脱落尾涡的传播路径，从而阻挡了 P_{L_1} 受外界流场环境变化的影响。因此，P_{L_1} 测得的动态压强变化量逐渐减小到零。当相对偏航角逐渐从 0° 减小到 −50°，P_{L_1} 逐渐到达上游尾鳍产生的向后的作用力的范围。因此，P_{L_1} 测得的动态压强变化量逐渐增加并达到峰值。当相对偏航角小于 −50° 时，P_{L_1} 测得的动态压强变化量的绝对值逐渐减小，这是因为 P_{L_1} 逐渐远离上游摆动尾鳍。如图 4.20（b）所示，由于和 P_{L_1} 同样的原因，P_{L_2} 测得的动态压强变化量呈现了类似的变化趋势。如图 4.3（d）所示，P_{L_3} 和 P_{L_4} 在下游机器鱼鱼体沿着 y 轴的质心的右侧而 P_{L_1} 和 P_{L_2} 在左侧。这样的压强传感器分布导致了 P_{L_3} 和 P_{L_4} 测得的动态压强变化量的变化特征和 P_{L_1} 和 P_{L_2} 的不同，如图 4.20（c）和图 4.20（d）所示。具体来说，对于 P_{L_3} 和 P_{L_4}，当相对偏航角逐渐从零减小时，P_{L_3} 和 P_{L_4} 逐渐到达，然后又远离脱落的同侧尾涡，导致动态压强变化量到达的谷值。当相对偏航角逐渐从零增加，传播到 P_{L_3} 和 P_{L_4} 的尾涡逐渐减弱，导致尾涡的"负效应"逐渐减弱。因此，它们的动态压强变化量随着相对偏航角逐渐增加并达到第二个峰值。最后，由于下游机器鱼鱼体的阻挡作用，它们的动态压强变化量逐渐减小至零。

如图 4.20 所示，对于下游机器鱼鱼体左侧的压强传感器，所有的 4 个曲线都有两个峰值和一个谷值。当相对偏航角逐渐减小时，压强传感器逐渐转向上游尾鳍。这也就是说，压强传感器逐渐到达上游尾鳍向后作用力的作用区域，这也导致了曲线中出现了第一个峰值。从压强传感器 P_{L_1} 到 P_{L_4}，它们

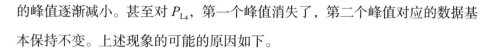

的峰值逐渐减小。甚至对 P_{L_4}，第一个峰值消失了，第二个峰值对应的数据基本保持不变。上述现象的可能的原因如下。

（1）随着相对偏航角的减小，P_{L_1} 和 P_{L_2} 逐渐达到上游尾鳍的正后方，也就是向后作用力"正效应"最强的区域。然后，随着相对偏航角的变化，在上游尾鳍和 $P_{L_i}(m=3,4)$ 之间一直存在着一定的相对纵向距离和侧向距离。这也就是说，P_{L_3} 和 P_{L_4} 一直没有到达上游尾鳍的正后方。此外，在上游尾鳍正后方一定的侧向距离处，上游尾鳍向后作用力的"正效应"相对较弱而尾鳍传播导致的"负效应"相对较强。因此，P_{L_3} 和 P_{L_4} 的峰值均小于 P_{L_1} 和 P_{L_2} 的峰值。此外，对于 P_{L_1} 和 P_{L_2}，当它们的位置在上游尾鳍的正后方时，P_{L_2} 和上游尾鳍的纵向距离比 P_{L_1} 和上游尾鳍的纵向距离大。根据本课题组之前的研究结果[15]，随着与上游尾鳍纵向距离的扩大，压强传感器测得的动态压强变化量会逐渐减小。因此，对于 P_{L_2}，第一个峰值的数值比 P_{L_1} 的峰值数值小。对于 P_{L_3} 和 P_{L_4}，当它们位于上游尾鳍正后方时，P_{L_4} 和上游尾鳍的纵向距离和侧向距离一直比 P_{L_3} 和上游尾鳍之间的距离大。因此，相比于 P_{L_3}，P_{L_4} 受到的上游尾鳍摆动向后作用力的"正效应"相对较弱，而尾涡传播的"负效应"相对较强。对于 P_{L_4}，它的第一个峰值也因此比 P_{L_3} 小。

（2）如之前所述，尾涡强度最强的区域位于上游尾鳍的水平对称面上，然后逐渐向两侧减小。相比于 P_{L_1}，$P_{L_j}(j=2, 3, 4)$ 离上游尾鳍对称面更远，因此 P_{L_1} 测得的动态压强变化量的绝对值比 P_{L_2}、P_{L_3}、P_{L_4} 要大。

基于上述的分析，从 P_{L_1} 到 P_{L_4}，第一个峰值对应的动态压强变化量数值逐渐减小。

如图 4.20（c）和图 4.20（d）所示，对于位于下游机器鱼后方的传感器 P_{L_3}、P_{L_4}、P_{R_3}、P_{R_4}，它们测得的动态压强变化量存在着较大的误差。如图 4.6 所示，上游尾鳍脱落的尾涡在传播过程中会逐渐耗散。此外，下游机器鱼的鱼头阻挡了脱落的尾涡传播，因此，传播到 P_{L_3}、P_{L_4}、P_{R_3}、P_{R_4} 的尾涡强度较小。考虑到流场中或多或少存在未知的扰动，也会导致上述的尾涡更加紊乱，同时也影响水流的层流性。这就导致了 P_{L_3}、P_{L_4}、P_{R_3}、P_{R_4} 周围不稳定和不规则的流场变化。因此，P_{L_3}、P_{L_4}、P_{R_3}、P_{R_4} 测得的动态压强变化量的误差较大。

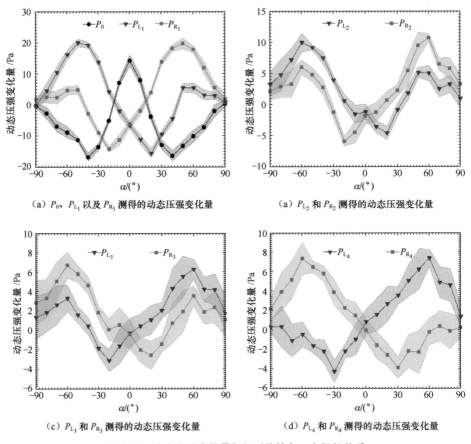

（a）P_0、P_{L_1} 以及 P_{R_1} 测得的动态压强变化量 　　（a）P_{L_2} 和 P_{R_2} 测得的动态压强变化量

（c）P_{L_3} 和 P_{R_3} 测得的动态压强变化量 　　（d）P_{L_4} 和 P_{R_4} 测得的动态压强变化量

图 4.20　动态压强变化量与相对偏航角 α 之间的关系

　　图 4.21（a）所示为下游机器鱼鱼体左右两侧对应压强传感器测得的动态压强变化量的差值。所有的曲线相对于 $\alpha=0°$ 呈现反对称。对于大多数的曲线，它们呈现了类正弦的特征。此外，P_{L_k} 和 $P_{R_k}(k=1, 2)$ 之间的差值的变化趋势与 P_{L_m} 和 $P_{R_m}(m=3, 4)$ 之间的差值的变化趋势相反。如图 4.21（b）所示，

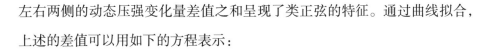

左右两侧的动态压强变化量差值之和呈现了类正弦的特征。通过曲线拟合，上述的差值可以用如下的方程表示：

$$V_{P_L-P_R} = 7.198\sin\left(0.03388\alpha + 0.1462\right) \qquad （4.1）$$

这里的 $V_{P_L-P_R}$ 是机器鱼左右两侧动态压强变化量差值之和，α 是相对偏航角。如图 4.21（b）所示，实验数值和曲线拟合值（黑色实线）之间较好地吻合，这里我们使用决定系数 R^2 和均方根误差（Root Mean Squared Error，RMSE）来衡量吻合程度（R^2=0.9543，RMSE=1.1998）。

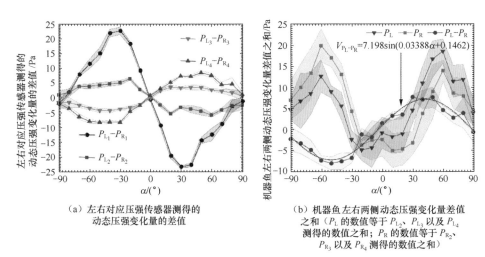

（a）左右对应压强传感器测得的
动态压强变化量的差值

（b）机器鱼左右两侧动态压强变化量差值
之和（P_L 的数值等于 P_{L_2}、P_{L_3} 以及 P_{L_4}
测得的数值之和；P_R 的数值等于 P_{R_2}、
P_{R_3} 以及 P_{R_4} 测得的数值之和）

图 4.21　机器鱼左右动态压强变化量差值与相对偏航角 α 之间的关系

4.3.7　双机器鱼相对俯仰角感知实验

如图 4.22 所示，下游机器鱼的 P_0 测得的动态压强变化量相对于俯仰角 β=0° 轴呈现对称性。当相对俯仰角是 0° 时，压强传感器 P_0 位于上游尾鳍的水平对称面上，该区域的涡流强度最大。因此，P_0 测得的动态压强变化量在相对俯仰角为 0° 时达到最大。随着相对俯仰角的绝对值的逐渐增加，P_0 逐渐移动到上游尾鳍的上下两端。因此，P_0 附近的涡流强度逐渐减小，动态压强变化量逐渐减小。

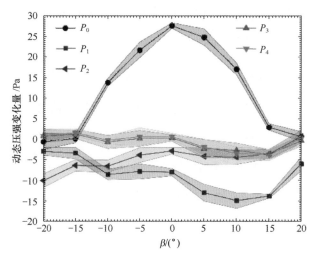

图 4.22 动态压强变化量与相对俯仰角 β 之间的关系

如图 4.3（e）所示，沿着 Oz 方向看，P_{L_1} 和 P_{R_1} 位于下游机器鱼质心的下方，而 P_{L_2}、P_{L_3}、P_{L_4}、P_{R_2}、P_{R_3} 及 P_{R_4} 位于下游机器鱼质心的上方。此外，沿着 Oy 方向看，P_{L_1}、P_{L_2}、P_{R_1}、P_{R_2} 在下游机器鱼质心的左侧，而 P_{L_3}、P_{L_4}、P_{R_3}、P_{R_4} 位于下游机器鱼质心的右侧。侧面压强传感器受到上游尾鳍摆动"正效应"较小，主要由"负效应"影响。当相对俯仰角从 $-20°$ 变化到 $10°$，P_1（P_{L_1} 和 P_{R_1}）逐渐到达涡流强度最强的区域。然后，当相对俯仰角超过 $10°$，它们逐渐地远离该区域。因此，在 P_1 测得的动态压强变化量曲线上，在相对俯仰角为 $10°$ 处存在一个谷值。随着相对俯仰角的增加，P_2（P_{L_2} 和 P_{R_2}）逐渐远离涡流强度最大的区域，而 P_3（P_{L_3} 和 P_{R_3}）和 P_4（P_{L_4} 和 P_{R_4}）逐渐到达该区域。因此，P_2（P_{L_2} 和 P_{R_2}）测得的动态压强变化量随之增加，而 P_3（P_{L_3} 和 P_{R_3}）和 P_4（P_{L_4} 和 P_{R_4}）测得的动态压强变化量逐渐减小。然而，P_3（P_{L_3} 和 P_{R_3}）和 P_4（P_{L_4} 和 P_{R_4}）测得的动态压强变化量并不明显，因为传递到这些传感器处的尾涡已经逐渐耗散。

4.3.8 双机器鱼相对横滚角感知实验

如图 4.3（f）所示，沿着 Oy 轴看，P_0 与下游机器鱼的质心重合。此外，

沿着 Oz 轴看，P_{L_1} 和 P_{R_1} 位于下游机器鱼的质心以下，而 P_{L_2}、P_{L_3}、P_{L_4}、P_{R_2}、P_{R_3} 及 P_{R_4} 都位于下游机器鱼的质心以上。因而，P_0 在相对横滚角变化时应几乎保持不变。如图 4.23 所示，P_0 测得的动态压强变化量保持在 27 Pa 左右。对于下游机器鱼左右两侧对应的压强传感器，测得的动态压强变化量关于 $\gamma=0°$ 轴呈现反对称现象。以下游机器鱼鱼体左侧的压强传感器为例，由于其主要受尾涡"负效应"影响，随着横滚角的增加，P_{L_1} 逐渐靠近，然后远离上游尾鳍的水平对称面，也即涡街强度最大的区域。因此，在 P_{L_1} 测得的动态压强变化量存在一个谷值。对于 P_{L_2} 和 P_{L_3}，随着相对横滚角的增加，P_{L_2} 和 P_{L_3} 逐渐远离上游尾鳍的水平对称面，P_{L_2} 和 P_{L_3} 测得的动态压强变化量会随之减小。对于 P_{L_4}，其动态压强变化量在零值附近振荡。这可能是涡街传播到 P_{L_4} 前已经逐渐耗散导致的。

图 4.23（d）所示的曲线几乎都关于点（0°，0 Pa）呈现中心反对称。P_{L_1} 和 P_{R_1} 测得的动态压强变化量的差值的曲线有一个峰值和一个谷值。当相对横滚角是负值时，该差值先增加后减小。此外，P_{L_2} 和 P_{R_2}、P_{L_3} 和 P_{R_3} 的动态压强变化量差值随着相对横滚角的增加而减小。P_{L_4} 和 P_{R_4} 的动态压强变化量差值在零值附近振荡。如图 4.23（d）所示，随着相对横滚角的增加，左侧的压强传感器测得的动态压强变化量之和减小而右侧的增加。此外，左右的动态压强变化量差值之和整体呈现线性变化。利用曲线拟合，该差值可以表示为：

$$V_{P_L-P_R} = -0.2717\gamma + 0.03318 \tag{4.2}$$

式中，$V_{P_L-P_R}$ 是左右两侧的动态压强变化量差值之和；γ 是相对横滚角。如图 4.23（d）所示，实验数据和拟合数据（黑色实线）之间存在着可观的符合度（$R^2=0.9821$，RMSE=1.2840）。式（4.1）中的非零相位和式（4.2）中的常数项是因为上游尾鳍和下游机器鱼的相对位置和姿态误差导致的。

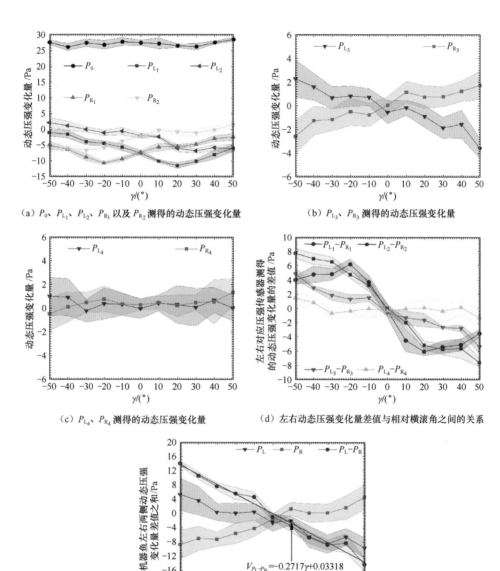

（a）P_0、P_{L_1}、P_{L_2}、P_{R_1} 以及 P_{R_2} 测得的动态压强变化量

（b）P_{L_3}、P_{R_3} 测得的动态压强变化量

（c）P_{L_4}、P_{R_4} 测得的动态压强变化量

（d）左右动态压强变化量差值与相对横滚角之间的关系

（e）机器鱼左右两侧动态压强变化量差值之和（P_L 的数值等于 P_{L_2}、P_{L_3} 以及 P_{L_4} 测得的数值之和；
P_R 的数值等于 P_{R_2}、P_{R_3} 以及 P_{R_4} 测得的数值之和）

图 4.23　动态压强变化量与相对横滚角 γ 之间的关系

4.4　讨论

4.4.1　双机器鱼感知模型的简化

第 2 章中曾讨论过多鳍肢驱动仿箱鲀机器鱼壳体脱落的涡流可能会对尾鳍摆动产生的涡街造成一定的干扰。因此，本章并没有在上游区域采用一条完整的机器鱼，而是用一个单独的摆动尾鳍进行实验。在此基础上，感知两条相邻机器鱼之间的的相对状态被简化成了感知单独的摆动尾鳍和相邻机器鱼之间的相对状态。这样的实验简化从作用力分析的角度来看是合理的。但是对于一条自由游动的机器鱼而言，它的运动同时会导致鱼体的摆动，从而对动态压强变化量产生影响，文献 [19-20] 中介绍了这一现象。然而，本章的内容中并没有考虑机器鱼自身鱼体的摆动。具体来说，在上述的实验中，摆动的尾鳍固定在一个确定的位置并且只能绕一个轴转动，下游的机器鱼以一个确定的相对位置和相对姿态固定着，没有自身的摆动。实际上，对于一条完整的机器鱼，它的偏航运动、俯仰运动、横滚运动是由于一对胸鳍和尾鳍的摆动共同作用完成的。然而，为了避免鱼鳍对涡街的干扰，我们去除了下游机器鱼的鱼鳍。因此，上述实验的简化在完全模拟两条相邻的自由游动的机器鱼之间的相对状态感知上存在一定的局限性。尽管如此，我们的实验足以探究摆动尾鳍产生的反卡门涡街性质，且实验对相对状态的有效感知足以说明人工侧线系统在水下机器人局部感知中的有效性和实用性。

4.4.2　双机器鱼相对前后距离的确定

Stewart 等 [21] 使用 DPIV 和 CFD 探究了两个前后放置的 D 形圆柱在来流中的局部流场。根据文献 [21] 中的结果，上游的 D 形圆柱脱落的尾涡会受到下游的 D 形圆柱的干扰，两个 D 形圆柱周围的局部流场会随着两个圆柱沿着水流方向的相对距离的改变而变化，这是因为二者尾涡的交互作用，使得流动具有一定的复杂性。基于这一结果，可以推断出本章上游尾鳍摆动脱落的尾涡也会受到下游机器鱼的干扰。当二者的相对距离保持在一定的范围内时，下游机器鱼不仅仅是尾鳍脱落尾涡的监测者，同时也确确实实地会对尾涡产生干扰。因此，动态压强变化量和所探究的相对状态之间的定性和定量关系会随着上下游机器鱼间相对距离的改变而变化。然而，本章主要关注人工侧线在相邻的水下机器鱼之间进行局部感知的有效性和实用性，故并未深入讨论这一问题。

在开展实验前，作者所在的课题组利用 CFD 仿真对机器鱼后方脱落的尾鳍的空间结构进行了探究。如图 4.4（c）所示，当一个涡完整地从摆动尾鳍脱落时，该涡的最远端将会沿着水流方向传播大概 8.5 cm 远。故为了探究一个稳定形成的涡的水动力学特征，下游机器鱼应该固定在上述的位置点之后。

另外，根据前面感知结果表明，脱落的涡会随着运动距离的增加逐渐耗散。因此，随着距离的增加，下游机器鱼测得的动态压强变化量会逐渐减小至零 [15]。基于这一分析就能获得动态压强变化量和相对状态之间的显著定性与定量关系，实验中，当下游机器鱼的偏航角、俯仰角、横滚角为 0° 时，上游摆动尾鳍和下游机器鱼之间的相对距离被固定为 10 cm。

4.4.3 利用人工侧线系统感知反卡门涡街

卡门涡街通常位于来流中的障碍物下游。近年来，人工侧线系统在探究卡门涡街的水动力学特征上有许多应用结果 [1, 2, 10-11, 19]。而反卡门涡街通常由鱼类摆尾产生。然而，在过去的研究中鲜有利用人工侧线系统来探究反卡门涡街的水动力学特征的成果。

在本章中，我们使用一个摆动尾鳍产生类反卡门涡街。基于下游机器鱼的人工侧线系统测得的压强数据，探究了反卡门涡街导致的流场中的动态压强变化量。在大多数的实验中，当机器鱼的头部正对来流时，压强传感器 P_0 测得的动态压强变化量达到了 30 Pa。随着上游尾鳍的摆动幅度和频率的增加，P_0 测得的动态压强变化量也在增加。此外，实验结果表明，在上游摆动尾鳍的正后方，测得的动态压强变化量是正值，而在尾鳍两侧的区域测得的动态压强变化量是负值。这表明了在反卡门涡街的中央区域存在一个高压区，外侧存在一个低压区。相比之下，卡门涡街的中央区域存在一个低压区而外侧区域存在一个高压区，这也是文献 [11] 所得到的结果。

Venturelli 等 [10] 曾尝试利用压强传感器阵列组成的人工侧线系统去辨识卡门涡街。研究结果表明，至少有一半的压强传感器同时监测到了涡街的脱落频率。结合本章中感知上游摆动尾鳍频率的实验，可以得出结论，反卡门涡街和卡门涡街都可以通过涡的脱落频率标定。此外，Venturelli 还发现，在卡门涡街中，人工侧线系统左右传感器的压强值差与人工侧线载体在来流中的朝向（即相对偏航角）之间呈现线性关系。本章中也探究了左右压强传感器测得的动态压强变化量差值和机器鱼在反卡门涡街中的相对偏航角之间的关系，如图 4.21（b）所示。但是我们得到的关系不是线性关系，而是类正弦关系。这一差异可能是由于卡门涡街和反卡门涡街水动力特征不同、机器鱼和文献 [10] 中实验平台形状特征不同所致。此外，因为文献 [10] 中探究的相对偏航角范围有限，因此不能确定得到的线性关系在相对偏航角增大时是否依然能够保持。进一步观察本章和文献 [10] 中的结果发现，当相对偏航角在 [0° 45°] 之间时，上述关系均可以近似用线性公式表达，卡门涡街和反卡门涡街在这一结果上实现了统一。

本章小结

本章将人工侧线的研究从单机器鱼拓展到双机器鱼。通过在低湍流循环水洞中开展多个实验，本章探究了一个摆动尾鳍产生的反卡门涡街的水动力学特征以及下游机器鱼搭载的人工侧线系统测得的动态压强变化量与上下游机器鱼相对状态之间的关系。实验表明，下游机器鱼可以有效地利用人工侧线系统测量动态压强变化量，从而感知：（1）其与上游尾鳍之间的相对深度距离；（2）上游尾鳍相对自己的幅度、频率和偏置角；（3）其相对于上游尾鳍的相对偏航角、相对俯仰角和相对横滚角。这一工作有助于实现机器鱼相对于目标鱼体的位姿估计，是后续进行跟踪控制的基础。此外，也将人工侧线研究从单机器鱼拓展到双机器鱼，展现了人工侧线系统在集群感知与控制中的潜力。

然而，本章的重点是实验，包括实验条件、实验平台、实验数据的测量、实验曲线的解释，并没有具体探究相对位姿与动态压强变化量之间的回归模型，所以还不能直接基于动态压强变化量结果估计出相对于上游尾鳍的位姿。

参考文献

[1] ABDULSADDA A T. Artificial lateral line systems for feedback control of underwater robots[D]. East Lansing, Michigan: Michigan State University, 2012.

[2] SALUMÄE T, KRUUSMAA M. Flow-relative control of an underwater robot[J]. Proceedings of the Royal Society A: Mathematical, Physical and Engineering Sciences, 2013, 469(2153). DOI: 10.1098/rspa.2012.0671.

[3] YANG Y, CHEN J, ENGEL J, et al. Distant touch hydrodynamic imaging with an artificial lateral line[J]. Proceedings of the National Academy of Sciences, 2006, 103(50): 18891-18895.

[4] YANG Y, NGUYEN N, CHEN N, et al. Artificial lateral line with biomimetic neuromasts to emulate fish sensing[J]. Bioinspiration & Biomimetics, 2010, 5(1). DOI: 10.1088/1748-3182/5/1/016001.

[5] ABDULSADDA A T, ZHANG F T, TAN X B. Localization of source with unknown amplitude using IPMC sensor arrays[J]. Proceedings of the SPIE, 2011, 7976(10): 2378-

2384.

[6] ABDULSADDA A T, TAN X B. Nonlinear estimation-based dipole source localization for artificial lateral line systems[J]. Bioinspiration & Biomimetics, 2013, 8(2). DOI:10.1088/ 1748-3182/8/2/026005.

[7] ABDULSADDA A T, TAN X B. Underwater tracking of a moving dipole source using an artificial lateral line: algorithm and experimental validation with ionic polymer–metal composite flow sensors[J]. Smart Materials and Structures, 2013, 22(4). DOI: 10.1088/0964-1726/22/4/045010

[8] DAGAMSEH A, WIEGERINK R, LAMMERINK T, et al. Imaging dipole flow sources using an artificial lateral-line system made of biomimetic hair flow sensors[J]. Journal of the Royal Society Interface, 2013, 10(83). DOI: 10.1098/rsif.2013.0162.

[9] YEN W K, MARTINEZ S D, GUO J. Controller design for a fish robot to follow an oscillating source[C]//2015 IEEE International Conference on Cyber Technology in Automation, Control, and Intelligent Systems. Piscataway, USA: IEEE, 2015. 959-964.

[10] VENTURELLI R, AKANYETI O, VISENTIN F, et al. Hydrodynamic pressure sensing with an artificial lateral line in steady and unsteady flows[J]. Bioinspiration & Biomimetics, 2012, 7(3). DOI: 10.1088/1748-3182/7/3/036004.

[11] CHAMBERS L D, AKANYETI O, VENTURELLI R, et al. A fish perspective: detecting flow features while moving using an artificial lateral line in steady and unsteady flow[J]. Journal of the Royal Society Interface, 2014, 11(99). DOI: 10.1098/rsif.2014.0467.

[12] DEVRIES L, LAGOR F D, LEI H, et al. Distributed flow estimation and closed-loop control of an underwater vehicle with a multi-modal artificial lateral line[J]. Bioinspiration & Biomimetics, 2015, 10(2). DOI: 10.1088/1748-3190/10/2/025002 .

[13] FRANOSCH J M P, HAGEDORN H J A, GOULET J, et al. Wake tracking and the detection of vortex rings by the canal lateral line of fish[J]. Physical Review Letters, 2009, 103(7). DOI: 10.1103/PhysRevLett.103.078102.

[14] LAUDER G V, ANDERSON E J, TANGORRA J, et al. Fish biorobotics: kinematics and hydrodynamics of self-propulsion[J]. Journal of Experimental Biology, 2007, 210(16): 2767-2780.

[15] WANG W, ZHANG X, ZHAO J, et al. Sensing the neighboring robot by the artificial lateral line of a bio-inspired robotic fish[C]//2015 IEEE/RSJ International Conference on Intelligent Robots and Systems. Piscataway, USA: IEEE, 2015: 1565-1570.

[16] 张兴兴, 王伟, 陈世明, 等. 基于人工侧线的相邻仿生机器鱼感知研究[J]. 测控技术, 2016, 35(10):33-37.

[17] GREEN M A, ROWLEY C W, SMITS A J. The unsteady three-dimensional wake produced by a trapezoidal pitching panel[J]. Journal of Fluid Mechanics, 2011, 685(7):117-145.

[18] BERNOULLI D. Hydrodynamica: sive de viribus et motibus fluidorum commentarii[M]. Strasbourg: Johann Heinrich Decker, 1738.

[19] AKANYETI O, CHAMBERS L D, JEŽOV J, et al. Self-motion effects on hydrodynamic pressure sensing: part I. forward-backward motion[J]. Bioinspiration & Biomimetics, 2013, 8(2). DOI: 10.1088/1748-3182/8/2/026001.

[20] AKANYETI O, THORNYCROFT P J M, LAUDER G V, et al. Fish optimize sensing and respiration during undulatory swimming[J]. Nature Communications, 2016, 7. DOI: 10.1038/ncomms11044.

[21] STEWART W J, TIAN F B, AKANYETI O, et al. Refuging rainbow trout selectively exploit flows behind tandem cylinders[J]. Journal of Experimental Biology, 2016, 219(14): 2182-2191.

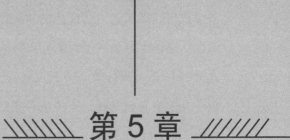

第 5 章

基于人工侧线的双邻近机器鱼
相对位姿估计算法研究

第 4 章探究了在不同的摆动状态、不同的相对位姿下，人工侧线系统用于感知双邻近机器鱼周围流场的实验结果，分析了压强数据在不同实验条件下的规律与特征。上述研究的最终目的是为让机器鱼能够基于人工侧线系统测得的动态压强变化量，实现对相对位姿的估计，作为后续控制实验的基础。因此，本章将进一步开展相对位姿与动态压强变化量之间的回归模型的分析，利用多种智能算法对双邻近机器鱼的相对状态进行估算。在过去的研究中，势流理论提供了一种定量描述机器鱼尾鳍摆动产生的尾涡导致的流场变化的方法[1]，这一结果可用于构建上述关系模型。在关于尾鳍脱落尾涡的研究中，只有极其少数研究从水动力学建模的角度出发，探究尾鳍与水流的相互作用关系。因此，精确定量描述尾涡的分布特征和导致的流场变化一直是一个挑战[1-3]。此外，目前大部分的研究只关注单条机器鱼或者真鱼的周围流场变化的建模，几乎没有研究探讨双鱼或者多鱼周围的流场变化的建模，这是因为后者在原本已经十分复杂的单鱼建模工作中又增加了新的维度，很难通过已有的流体力学知识去解决。基于这些考虑，本章另辟蹊径，放弃从纯理论的角度解决问题，尝试使用多种智能算法探究人工侧线系统的数据和邻近双鱼相对状态之间的回归模型。

本章首先提出两种判据用于探究压强传感器的冗余与不足，并且最终确定用于回归分析的压强传感器的位置。然后，考虑到相对位姿与动态压强变化量之间的回归模型未知，本章尝试了 4 种典型的回归分析方法，包括随机森林（random forest，RF）、反向传播神经网络（back propagation neural network，BPNN）、支持向量回归（support vector regression，SVR）以及多元线性回归（multiple linear regression，REG）。详细比较 4 种方法的回归结果后发现随机森林效果最好。最后，利用随机森林估计了相对偏航角和上游尾鳍摆动幅度，并与实际参数对比，结果验证了随机森林的有效性。

5.1　回归分析

5.1.1　数据的预处理

由于硬件的局限性和水环境中存在的背景噪声，压强传感器测得的动态压强变化量往往存在着显著的振荡现象，于是我们先采用高斯平滑窗函数对原始的动态压强变化量数据进行平滑处理。图 5.1 所示为动态压强变化量的原始数据和平滑后的数据。后面主要探究 7 个相对状态——相对深度 Δd、摆动频率 f、摆动幅度 A、摆动偏置角 ϕ、相对偏航角 α、相对俯仰角 β 以及相对横滚角 γ 与动态压强变化量之间的回归模型。对于每一种相对状态，需要探究 p 个实验参数值，对于 Δd、A、f、ϕ、α、β 以及 γ，p 分别等于 7、16、6、13、19、9 以及 11。关于 Δd、A、f、ϕ、α、β 以及 γ 的定义可以参考第 4 章内容。每一个实验参数下的实验，动态压强变化量各记录 5 次。在每一次记录的原始数据集中，动态压强变化量数据采样点均为 250 个，并用于回归模型的分析。以对 Δd 的回归模型分析为例，Δd 共有 7 个参数，从 -45 mm 到 45 mm，间隔 15 mm。因此，这一组实验对应的原始数据集 O 中一共有 $7 \times 5 \times 250 = 8750$ 个实验数据。

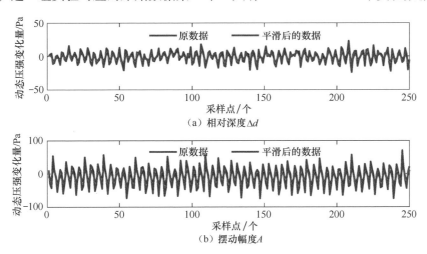

图 5.1　在探究 Δd、A、f、ϕ、α、β，γ 的实验中测得的动态压强变化量的原始数据和平滑后的压强数据

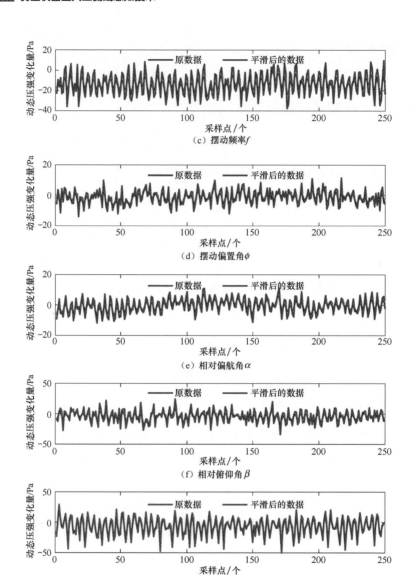

图 5.1　在探究 Δd、A、f、ϕ、α、β，γ 的实验中测得的动态压强变化量的原始数据和平滑后的压强数据（续）

5.1.2　随机森林回归分析

由 Breiman 提出的随机森林是一种基于决策树的、可以用于分类和回归的集成学习算法[4]。在本章中，随机森林主要被用于解决回归问题。一个随机森林可以被定义成 $R=\{T_1(\boldsymbol{X}), T_2(\boldsymbol{X}), \cdots, T_N(\boldsymbol{X})\}$，里面包含了 N 个定义成 $T_i(\boldsymbol{X})(i=$

1, 2, $\cdots$, N) 的决策树，$\boldsymbol{X}=(X_1, X_2, \cdots, X_p)$ 表示随机森林的输入，是一个 p 维的特征向量。在一个回归任务中，通过将 $\boldsymbol{X}$ 输入随机森林 R 中，每一个决策树 $T_i(\boldsymbol{X})$ 会返回对实际值 Y 的估计值 $\hat{Y}_i(i=1,2,\cdots,N)$。对所有的估计值做平均得到 $\hat{Y}=\dfrac{\hat{Y}_1+\cdots+\hat{Y}_N}{N}$，这就是利用随机森林获得的对实际值 Y 的估计结果。通过利用具有多个样本的原始样本集 $O=\left\{(X_1,Y_1),\cdots,(X_n,Y_n)\right\}$ 训练一个随机森林模型，可以获得一个关联输入量 $\boldsymbol{X}$ 和输出量 Y 的模型[6]。在本章中，原始数据集中的每一个样本包括9个人工侧线压强传感器测得的动态压强变化量和相对状态的具体数值，具体可以定义成 $(S,P_0,P_{L_1},P_{L_2},P_{L_3},P_{L_4},P_{R_1},P_{R_2},P_{R_3},P_{R_4})$，这里的 S 表示相对状态的具体数值，其他的参数表示的是人工侧线系统测得的动态压强变化量。对于每一个样本，特征向量 $\boldsymbol{X}$ 表示测得的9个动态压强变化量，即 $\boldsymbol{X}=(P_0,P_{L_1},P_{L_2},P_{L_3},P_{L_4},P_{R_1},P_{R_2},P_{R_3},P_{R_4})$，$Y$ 表示相对状态 S。

图 5.2 所示为随机森林回归分析的流程。它一共包括以下 4 个步骤[4-5]。

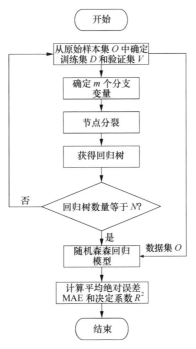

图 5.2　基于随机森林的回归分析的算法流程

步骤 1：通过可放回抽样随机获取一个包括 n 个样本的原始样本集 O，将其作为训练集 D。没有被抽样的数据被称作袋外（out-of-bag，OOB）样本，这部分数据形成验证集 V。

步骤 2：从原始样本集的 M 个变量中随机选取 m 个变量作为每一个回归树节点处的分支变量，通常 $m=M/3 \pm 1$。如果 $M<3$，则 m 设置成 1。在这里，原始样本的变量指人工侧线传感器测得的动态压强变化量，$M=1{\sim}9$。

步骤 3：重复 N 次步骤 1 和步骤 2，以获得 N 个训练集和 N 个验证集。对于上述训练集和验证集，分别初步建立一个含有 N 个回归树 $T_i(i=1, 2, \cdots, N)$ 的随机森林。图 5.3 所示分别为 Δd、A、f、ϕ、α、β 以及 γ 的实验探究中残差平方均值（mean of squared residuals，MSR）随 N 的变化。我们可以看出，随着 N 的增大，残差平方均值逐渐减小。当 N 超过 400，MSR 收敛到最小值，因此可将最终的 N 设置成 500。

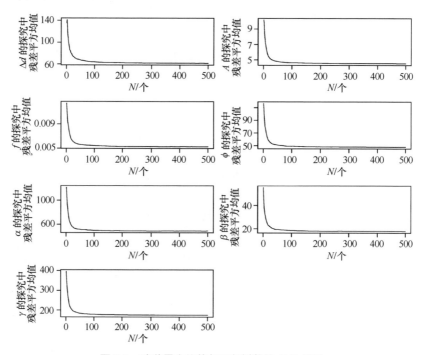

图 5.3　残差平方均值与回归树数量 N 的关系

步骤 4：计算利用原始样本集 O 获得的估计值的 MAE 和 R^2。

5.1.3 反向传播神经网络回归分析

人工神经网络方法现已被广泛用于构建输入信号和输出信号之间的关系模型，其在数据分类、数据预测以及模式识别中发挥着重要作用[6]。反向传播神经网络是人工神经网络中最为广泛应用的方法之一。在运行过程中，信息向前传播而误差向后传播，其基本理论是使用梯度下降法使实际输出和期望输出之间的平均方差达到最小。反向传播神经网络的结构包括一个输入层、一个或者多个隐含层、一个输出层，每一层都有若干个节点[7]。本章对每一个实验都搭建了一个三层神经网络，如图 5.4 所示。该神经网络有一个节点数 $p=9$ 的输入层，节点处的数据是每一个样本的 9 个动态压强变化量。此外，输出层的节点数 $q=1$，输出为每一个样本中的相对状态值。隐含层中的节点数 m 确定如下。

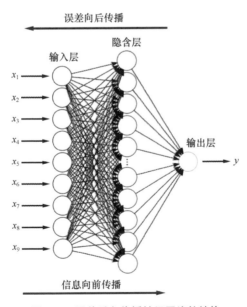

图 5.4　误差反向传播神经网络的结构

图 5.5 所示为在 β 的估计中，训练时间 t、决定系数 R^2 与隐含层节点数

量 m 的关系。其中，变量 M 等于 9，神经网络的迭代次数等于 1000。可以看出，训练时间 t 随着 m 的增加而增加，而 R^2 在节点数量超过 6 时增幅很少。因此，在 β 的估计中，我们将 m 确定为 6。类似地，如图 5.6 所示，在 Δd、A、f、ϕ、α、β 以及 γ 的估计中，m 分别确定为 11、10、9、6、13、6 以及 10。

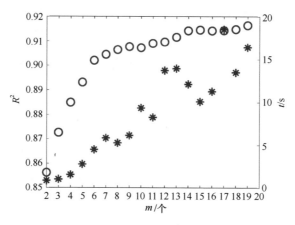

图 5.5　在 β 的估计中，训练时间 t、可决系数 R^2 与隐含层中节点数量 m 之间的关系

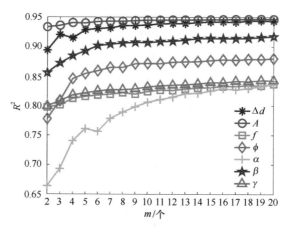

图 5.6　在所有的实验中，决定系数 R^2 和隐含层节点数量 m 之间的关系

如图 5.7 所示，训练时间随着神经网络迭代次数的增加而增加，而决定系数 R^2 在迭代次数超过 400 时变化很小。因此，在 α 的估计中，神经网络的迭代次数被确定为 400，变量 M 等于 9。图 5.8 所示为在 Δd、A、f、ϕ、α、β

以及 γ 的估计中，R^2 和神经网络的迭代次数之间的关系，变量 M 等于 9。类似地，对于 Δd、A、f、ϕ、α、β 以及 γ，神经网络的迭代次数分别被确定为 150、250、150、200、400、150 以及 300。

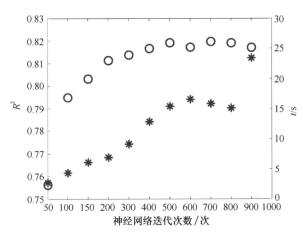

图 5.7　在 α 的估计中，训练时间 t、决定系数 R^2 与神经网路的迭代次数之间的关系

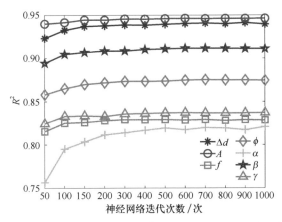

图 5.8　在所有的实验中，决定系数 R^2 和神经网路的迭代次数之间的关系

5.1.4　支持向量回归分析与多元线性回归分析

支持向量回归采用支持向量法探究回归模型，这种方法是通过在支持向量机（support vector machine，SVM）中引入损失函数发展得来的[8]。我们采用以 eps 容差和径向基函数作为核函数的支持向量回归方法，探究动态压

强变化量和相对状态之间的关系。此外，我们使用的另一种方法——多元线性回归方法是回归中最为常见的一种方法，经常被用来探究一个独立变量和两个或多个相关变量之间的线性回归模型：

$$Y = a_0 + \sum_{k=1}^{q} a_k X_k + \varepsilon \qquad (5.1)$$

式中，Y是相对状态；a_0是截距；$a_k(k=1, 2, \cdots, q)$是对应于变量$X_k(i=1, 2, \cdots, q)$的回归系数；X_k表示第k个压强传感器测得的动态压强变化量；ε是残差。

我们需要使用 F 检验来验证模型的合理性。具体来说，当所有的回归系数不同时等于零值，即某些传感器测得的压强数据能够在一定程度上反映相对状态信息时，模型才具有合理性。

5.1.5 压强传感器的冗余与不足

为了探究用于回归分析的压强传感器的冗余与不足，本章提出了 2 个描述压强传感器数据对相对状态的敏感度的判据。2 个判据的具体描述步骤和敏感度确定如下。

步骤 1：对于每一个压强传感器，计算动态压强变化量随着实验参数的变化（ΔE）而产生的变化（ΔHPV）。这里的实验参数包括Δd、A、f、ϕ、α、β以及γ。

$$\Delta \overline{HPV_{i,k}} = \overline{HPV_{i+1,k}} - \overline{HPV_{i,k}} \qquad (5.2)$$

这里的$i=1, 2, \cdots, p-1$。p表示每一个实验参数取值的个数，对于Δd、f、ϕ、α、β以及γ，$p=7$、16、6、13、19、9、11，这一点已经在前面的实验中进行过讨论。$\overline{HPV_{i,k}}$表示实验参数的第i个取值下，样本中 500 个X_k数值的平均量。

步骤 2：计算$\overline{HPV_{i,k}}$的最大值和最小值之间的差值$mm_i \overline{HPV_{i,k}}$。

$$mm_i \overline{HPV_{i,k}} = \max_i \overline{HPV_{i,k}} - \min_i \overline{HPV_{i,k}} \qquad (5.3)$$

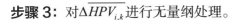

步骤3： 对$\Delta\overline{HPV}_{i,k}$进行无量纲处理。

$$\Delta\overline{HPV}_{i,k}{}' = \frac{\Delta\overline{HPV}_{i,k}}{\underset{i}{mm}\overline{HPV}_{i,k}} \tag{5.4}$$

步骤4： 计算$\Delta\overline{HPV}_{i,k}{}'$的平均值$C_{k_1}$和$\Delta\overline{HPV}_{i,k}$的平均值$C_{k_2}$。

$$C_{k_1} = \frac{\displaystyle\sum_{i=1}^{p-1}\Delta\overline{HPV}_{i,k}{}'}{p-1} \tag{5.5}$$

$$C_{k_2} = \frac{\displaystyle\sum_{i=1}^{p-1}\Delta\overline{HPV}_{i,k}}{p-1} \tag{5.6}$$

C_{k_1}和C_{k_2}是描述X_k对相对状态变化的敏感度的2个判据。C_{k_1}或者C_{k_2}的数值越大，表示越敏感。按照C_{k_1}和C_{k_2}的数值从大到小，将对应的压强传感器测得的动态压强变化量进行排序，改变使用的压强传感器的数量，即改变M建立回归模型，从而确保使用的压强传感器既不冗余也不会出现不足的现象。例如，当$M=3$时，选择最敏感的3个压强传感器用于回归分析。

5.1.6　压强传感器的重要性分析

重要性分析是指研究压强传感器测得的动态压强变化量［也即特征向量X中的变量$X_k(k=1, \cdots, q)$］的重要度。具体的重要性分析过程如下。

步骤1： 初步获得一个包含N个决策树的随机森林模型，然后分别计算由N个决策树的袋外数据（没有参与决策树生成的数据）获得的估计值的平均方差MSE，MSE的每一个元素$\mathrm{MSE}_i(i=1, 2, \cdots, N)$可表示为：

$$\mathrm{MSE}_i = \frac{\displaystyle\sum_{j=1}^{n_i}\left(\hat{Y}_i(j) - Y_i(j)\right)^2}{n_i} \tag{5.7}$$

这里的$\hat{Y}_i(j)$和$Y_i(j)$表示第j个袋外样本对应的估计值和实际值，n_i表示袋外样本的个数。

步骤 2: 随机重新排列袋外数据样本的特征向量 *X* 中的变量 $X_k(k=1,$ 2, …, *q*),以获得新的袋外数据样本。然后,计算利用新的袋外样本得到的估计值 $\text{MSE}_i(k)(i=1, 2, …, N; k=1, 2, …, q)$。基于上述过程,我们可以得到如下一个 *MSE* 矩阵:

$$\begin{bmatrix} \text{MSE}_1(1) & \text{MSE}_2(1) & \cdots & \text{MSE}_N(1) \\ \text{MSE}_1(2) & \text{MSE}_2(2) & \cdots & \text{MSE}_N(2) \\ \vdots & \vdots & \vdots & \vdots \\ \text{MSE}_1(q) & \text{MSE}_2(q) & \cdots & \text{MSE}_N(q) \end{bmatrix} \tag{5.8}$$

步骤 3: 计算 $[\text{MSE}_1, \cdots, \text{MSE}_N]^\text{T}$ 和 $[\text{MSE}_1(k), \cdots, \text{MSE}_N(k)]^\text{T}$ 中对应元素的差值。

$$\Delta\text{MSE}_i(k) = \text{MSE}_i - \text{MSE}_i(k) \tag{5.9}$$

式中, *i*=1, 2, …, *N*, *k*=1, 2, …, *q*。

步骤 4: 计算变量 $X_k(k=1, 2, …, q)$ 的重要度 I_k。

$$I_k = \frac{\sum_{i=1}^{N} \Delta\text{MSE}_i(k)}{N\Delta\text{SE}_k} \tag{5.10}$$

式中,SE_k 是 $\Delta\text{MSE}_i(k)(i=1,2,\cdots,N)$ 的标准差,表示如下:

$$\text{SE}_k = \sqrt{\frac{\sum_{i=1}^{N}\left(\Delta\text{MSE}_i(k) - \overline{\Delta\text{MSE}_k}\right)^2}{N}} \tag{5.11}$$

这里的 $\Delta\overline{\text{MSE}_k}$ 是 $\Delta\text{MSE}_i(k)(i=1,2,\cdots,N)$ 的平均值。I_k 越大表示 X_k 在回归模型中越重要。

5.1.7　回归模型的评估

本节用 MAE 和 R^2 来评估上述回归模型的准确性。MAE 越小、R^2 越大表示模型越准确。

$$\text{MAE} = \frac{\sum_{j=1}^{n}\left|\hat{Y}_j - Y_j\right|}{n} \tag{5.12}$$

$$R^2 = 1 - \frac{\sum_{j=1}^{n}\left(Y_j - \hat{Y}_j\right)^2}{\sum_{j=1}^{n}\left(Y_j - \overline{Y}\right)^2} \tag{5.13}$$

式中，$\hat{Y}_j$、Y_j 分别表示第 j 个样本对应的估计值和实际值；$\overline{Y}$ 表示 $Y_j(j=1, 2, \cdots, n)$ 的平均值。

5.2　回归分析结果

5.2.1　人工侧线传感器的冗余与不足分析

表 5.1 和表 5.2 所示为在每一组实验中每一个压强传感器的 C_{k_1} 和 C_{k_2}。表 5.3 和表 5.4 所示分别为根据 C_{k_1} 和 C_{k_2} 从大到小的顺序，将相应的压强传感器测得的动态压强变化量进行排序的结果。从表 5.3 和表 5.4 所示可知，两个顺序存在较大的差异。在实验中，下游机器鱼的鱼头正对着上游摆动尾鳍脱落的尾涡，所以尾涡对鱼头有着显著的作用。这样，鱼头部位的压强传感器测得的动态压强变化量必然大于后方压强传感器的测量值。因此，我们认为根据 C_{k_2} 得到的排序更能反映压强传感器测量结果对相对状态的敏感度。5.2.2 节将对比分别使用 C_{k_1} 和 C_{k_2} 得到的回归分析结果，并对这一推论的合理性进行讨论。

表 5.1　在每一组实验中每一个压强传感器的 C_{k_1}

	Δd	A	f	ϕ	α	β	γ
P_0	0.3165	0.0667	0.2000	0.1633	0.1691	0.2446	0.4535
P_{L_1}	0.3117	0.1109	0.2000	0.1340	0.1268	0.2586	0.1495
P_{L_2}	0.1672	0.2608	0.4971	0.2757	0.1420	0.1713	0.1205

续表

	Δd	A	f	ϕ	α	β	γ
P_{L_3}	0.2676	0.3224	0.3555	0.2394	0.1336	0.2439	0.1000
P_{L_4}	0.4260	0.3172	0.3354	0.2143	0.1113	0.3339	0.2280
P_{R_1}	0.3280	0.0968	0.2025	0.1427	0.1205	0.2199	0.1708
P_{R_2}	0.1723	0.2442	0.5251	0.2713	0.1276	0.1606	0.1167
P_{R_3}	0.3130	0.3174	0.4818	0.2009	0.1346	0.3175	0.1000
P_{R_4}	0.2750	0.3012	0.5028	0.2162	0.1030	0.2462	0.1009

表 5.2 在每一组实验中每一个压强传感器的 C_{k_2}

	Δd	A	f	ϕ	α	β	γ
P_0	11.3143	3.4602	2.5864	3.8769	5.2647	6.9166	0.9537
P_{L_1}	2.3996	1.6968	1.7521	2.4489	4.4564	3.0227	1.6151
P_{L_2}	1.4778	1.3393	1.1334	1.1984	2.0292	1.6177	1.0072
P_{L_3}	0.6341	1.2951	0.8205	1.3811	1.1658	1.6542	0.5840
P_{L_4}	1.0560	1.4444	0.4281	1.1442	1.2445	1.6735	0.2736
P_{R_1}	2.2620	1.4399	1.5111	2.1011	4.1315	2.9065	1.4136
P_{R_2}	1.7180	1.2739	0.8769	1.1659	2.0737	1.9250	0.9149
P_{R_3}	0.7541	1.3676	0.6749	1.1011	1.2411	1.0540	0.4223
P_{R_4}	0.6398	1.2407	0.9156	0.9262	1.2121	1.5360	0.1482

表 5.3 根据 C_{k_1} 从大到小的顺序，对相应的压强传感器测得的动态压强变化量进行排序的结果

实验参数	压强传感器排序
Δd	P_{L_4}, P_{R_1}, P_0, P_{R_3}, P_{L_1}, P_{R_4}, P_{L_3}, P_{R_2}, P_{L_2}
A	P_{L_3}, P_{R_3}, P_{L_4}, P_{R_4}, P_{L_2}, P_{R_2}, P_{L_1}, P_{R_1}, P_0
f	P_{R_2}, P_{R_4}, P_{L_2}, P_{R_3}, P_{L_3}, P_{L_4}, P_{R_1}, P_0, P_{L_1}
ϕ	P_{L_2}, P_{R_2}, P_{L_3}, P_{R_4}, P_{L_4}, P_{R_3}, P_0, P_{R_1}, P_{L_1}
α	P_0, P_{L_2}, P_{R_3}, P_{L_3}, P_{R_2}, P_{L_1}, P_{R_1}, P_{L_4}, P_{R_4}
β	P_{L_4}, P_{R_3}, P_{L_1}, P_{R_4}, P_0, P_{L_3}, P_{R_1}, P_{L_2}, P_{R_2}
γ	P_0, P_{L_4}, P_{R_1}, P_{L_1}, P_{L_2}, P_{R_2}, P_{R_4}, P_{L_3}, P_{R_3}

表 5.4 根据 C_{k_2} 从大到小的顺序，对相应的压强传感器测得的动态压强变化量进行排序的结果

实验参数	压强传感器排序
Δd	P_0, P_{L_1}, P_{R_1}, P_{R_2}, P_{L_2}, P_{L_4}, P_{R_3}, P_{R_4}, P_{L_3}
A	P_0, P_{L_1}, P_{L_4}, P_{R_1}, P_{R_3}, P_{L_2}, P_{L_3}, P_{R_2}, P_{R_4}

续表

实验参数	压强传感器排序
f	P_0, P_{L_1}, P_{R_1}, P_{L_2}, P_{R_4}, P_{R_2}, P_{L_3}, P_{R_3}, P_{L_4}
ϕ	P_0, P_{L_1}, P_{R_1}, P_{L_3}, P_{L_2}, P_{R_2}, P_{L_4}, P_{R_3}, P_{R_4}
α	P_0, P_{L_1}, P_{R_1}, P_{R_2}, P_{L_2}, P_{L_4}, P_{R_3}, P_{R_4}, P_{L_3}
β	P_0, P_{L_1}, P_{R_1}, P_{R_2}, P_{L_4}, P_{L_3}, P_{L_2}, P_{R_4}, P_{R_3}
γ	P_{L_1}, P_{R_1}, P_{L_2}, P_0, P_{R_2}, P_{L_3}, P_{R_3}, P_{L_4}, P_{R_4}

5.2.2　四种方法的回归分析结果

图 5.9 所示为 MAE 和 M（使用的压强传感器的数量）之间的关系。可以看出，MAE 整体随着 M 的增大而减小。图 5.10 所示为 R^2 和 M 之间的关系。$R_{\Delta d}^2$、R_A^2、R_f^2、R_ϕ^2、R_α^2、R_β^2 以及 R_γ^2 分别表示对 Δd、A、f、ϕ、α、β 以及 γ 的实验探究中获得的 R^2。可以看出，在每一个实验中，无论使用哪种方法，R^2 都会随着 M 的增大而增大。对比基于 C_{k_1} 和 C_{k_2} 排序获得的 MAE 和 R^2 结果，可以看出，基于 C_{k_2} 排序的动态压强变化量获得的回归分析结果效果更好。因此，评估动态压强变化量对相对状态的变化的敏感度上，使用 C_{k_2} 排序是更合理的。下面主要分析基于 C_{k_2} 获得的结果。

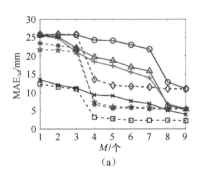
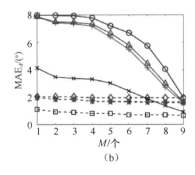

图 5.9　基于随机森林（RF）、反向传播神经网络（BPNN）、支持向量回归（SVR）以及多元线性回归（REG）分析得到的平均绝对误差（MAE）和 M 之间的关系（以 REG-C$_1$ 为例，它具体指的是利用多元线性回归（REG），并基于 C_{k_1} 判据获得的压强传感器顺序分析得到的结果）

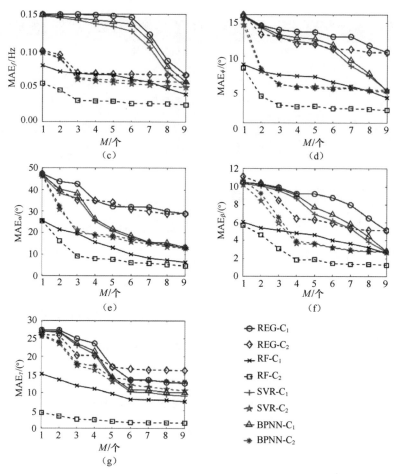

图 5.9 基于随机森林（RF）、反向传播神经网络（BPNN）、支持向量回归（SVR）以及多元线性回归（REG）分析得到的平均绝对误差（MAE）和 M 之间的关系（以 REG-C_1 为例，它具体指的是利用多元线性回归（REG），并基于 C_{k_1} 判据获得的压强传感器顺序分析得到的结果）（续）

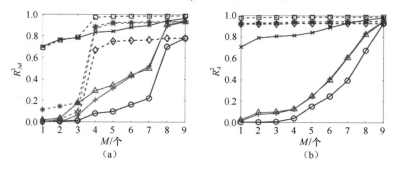

图 5.10 基于随机森林（RF）、反向传播神经网络（BPNN）、支持向量回归（SVR）以及多元线性回归（REG）分析得到的 R^2 和 M 之间的关系

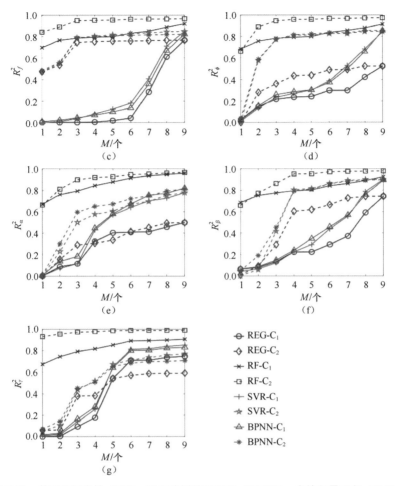

图 5.10　基于随机森林（RF）、反向传播神经网络（BPNN）、支持向量回归（SVR）
以及多元线性回归（REG）分析得到的 R^2 和 M 之间的关系（续）

以采用随机森林探究 Δd 的实验为例，当 M 超过 4 时，R^2 和 MAE 变化
幅度不大。这表明 P_0、P_{L_1}、P_{R_1} 以及 P_{R_2} 这 4 个压强传感器数据足够用于回
归分析。这也意味着，在此基础上添加的其他压强传感器都是冗余的。同理
可得，在 Δd、A、f、ϕ、α、β 以及 γ 的回归分析中，使用的压强传感器的合
理数量（M_r）分别是 4、1、3、4、7、4 以及 5。

另外，在每一组实验中，对比不同算法得到的结果发现，随机森林获得的
R^2 大于其他三种方法。除此以外，在 M 很小时，随机森林获得的 R^2 依然很可

观。基于这些结果可以认为随机森林在这个问题上具备更好的回归分析效果。此外，当 M 变化时，随机森林获得的 R^2 变化缓慢，而其他 3 种方法获得的 R^2 都会出现显著的改变。这说明了随机森林在这个问题中具有更好的抗噪性。

基于上述分析可以得出结论：随机森林具备最佳的回归分析效果。图 5.11 所示为随机森林回归模型获得的相对状态估计值和相对状态的实际值。将 R^2、MAE 以及 M_r 定义成（R^2，MAE，M_r），对于 Δd、A、f、ϕ、α、β 以及 γ 的回归分析，（R^2，MAE，M_r）分别为（0.972，3.250 mm，4）、（0.975，1.119°，1）、（0.949，0.030Hz，3）、（0.958，2.467°，4）、（0.952，5.778°，7）、（0.952，1.836°，4）以及（0.985，1.915°，5）。

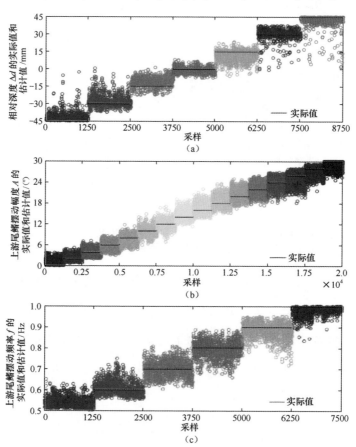

图 5.11　随机森林回归模型获得的相对状态估计值和相对状态的实际值

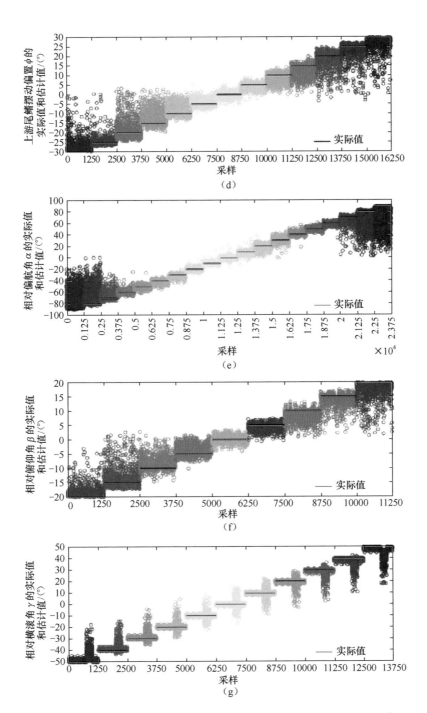

图 5.11 随机森林回归模型获得的相对状态估计值和相对状态的实际值（续）

图 5.12 所示为根据重要度 I_k 对变量 X_k 进行的排序。I_k 越大表示变量 X_k 在利用随机森林回归分析估计相对状态时越重要。在 Δd、A、f、ϕ、α、β 以及 γ 的回归分析中，最重要的 M_r 个变量分别是（P_0，P_{R_2}，P_{L_2}，P_{L_1}）、（P_0）、（P_{R_1}，P_{L_1}，P_0）、（P_{L_1}，P_{R_1}，P_0，P_{L_3}）、（P_{R_1}，P_{R_2}，P_{L_1}，P_{R_4}，P_0，P_{L_2}，P_{L_4}）、（P_0，P_{R_2}，P_{L_3}，P_{L_2}）以及（P_{R_2}，P_{L_2}，P_{L_1}，P_{R_1}，P_{L_3}，P_{L_2}，P_{L_4}）。上述的 M_r 个压强传感器几乎是表 5.4 所示的前 M_r 个压强传感器。这也说明了表 5.4 所示的前 M_r 个压强传感器是回归分析中最重要的传感器，从一定角度上也说明了根据 C_{k_2} 开展分析是合理的。但是，传感器的重要度排序与表 5.4 所示的传感器顺序并不是完全一致。这表明，传感器测得的动态压强变化量对相对状态的敏感度和动态压强变化量的重要度在概念上仍然有一些差异。

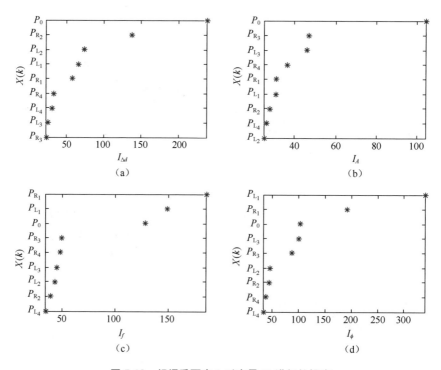

图 5.12　根据重要度 I_k 对变量 X_k 进行的排序

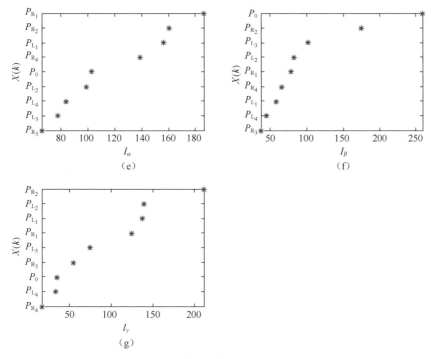

图 5.12　根据重要度 I_k 对变量 X_k 进行的排序（续）

5.2.3　基于随机森林的相对偏航角和摆动幅度估计

在 5.2.2 节，我们验证了随机森林算法在估计相对状态上的有效性。考虑 Δd、A、f、ϕ、α、β 以及 γ 的实验参数取值个数分别是 7、16、6、13、19、9 以及 11。因为 A 和 α 这两个实验参数具有更多的取值，所以我们对其估计结果进行验证。具体来说，数据集 O 中的 80% 的数据用于形成训练随机森林模型的训练集，剩下的 20% 数据形成测试集，以验证随机森林算法在估计摆动幅度和相对偏航角的准确性。图 5.13 所示为基于随机森林的摆动幅度和相对偏航角的估计结果。

在摆动幅度的估计中，R^2 和 MAE 分别是 0.975 和 1.091°。摆动幅度 A=4°，14°，28°时，由测试集数据得到的 **MAE** 分别是 2.171°、3.163° 以及 3.211°，估计结果较好。在相对偏航角的估计中，R^2 和 MAE 分别是 0.956 和 5.513°。相对偏航角 α=-60°，-30°，30°，60°时，由测试集数据得到的

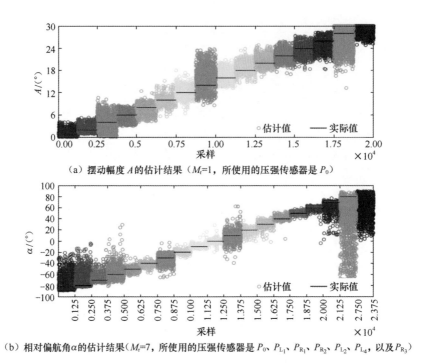

（a）摆动幅度 A 的估计结果（M_t=1，所使用的压强传感器是 P_0）

（b）相对偏航角 α 的估计结果（M_t=7，所使用的压强传感器是 P_0、P_{L_1}、P_{R_1}、P_{R_2}、P_{L_2}、P_{L_4}，以及 P_{R_3}）

图 5.13　基于随机森林的摆动幅度和相对偏航角的估计结果

MAE分别是9.284°、7.506°、7.694°以及45.435°。可以看出，当相对偏航角较小时，回归模型能够得到较好的估计结果，但在相对偏航角足够大时，估计效果较差。这主要是因为压强传感器测得的动态压强变化量的信噪比较低。尽管我们进行了动态压强变化量的预处理，但是压强传感器固有的硬件缺陷还是会对估计的准确性有较大的影响。为了得到质量更高的数据，我们需要进一步完善人工侧线的性能，这也是未来人工侧线发展的重要方向之一。此外，将人工侧线系统的数据和机器鱼的惯性导航模块数据相结合，经过多重感知方式得到的融合数据在进行预处理后，或许能够更好地反映周围环境的有关信息。

5.3　讨论

5.3.1　近距离感知

图 5.14 所示为在上游尾鳍和下游机器鱼之间纵向距离 $d_{纵向}$ 不同时，下游

机器鱼测得的动态压强变化量与相对侧向距离 $d_{侧向}$ 之间的关系。在纵向距离 $d_{纵向}$ 较小时，不同的动态压强变化量曲线存在着一个共同的定性变化。然而，当相对纵向距离超过一个具体值时，上述的定性关系消失。这可能是因为上游尾鳍产生的尾涡随着传播距离的增加而逐渐耗散导致的。为了获得一个动态压强变化量和相对状态之间的显著的关系，本章和第 4 章主要关注近距离感知，因此将纵向距离固定成 10 cm。这一纵向距离与机器鱼的尺寸相比偏小，因此下游的机器鱼不仅能够检测尾涡导致的动态压强变化量，同时也会对尾涡有一定的干扰。图 5.15 所示为基于流体力学计算涡量的 Q 准则获得的机器鱼鱼体周围的瞬时涡结构。上游尾鳍产生的尾涡在下游机器鱼头部被打散，下游机器鱼后方的压强传感器所测得的动态压强变化量数值较小，所以无论是从敏感度还是重要度的角度来看，下游机器鱼靠近头部的几个压强传感器 (P_0、P_{L_1} 和 P_{R_1}) 都具有较高的优先级，能够较好地反映局部流场信息，从而在识别上效果更好。

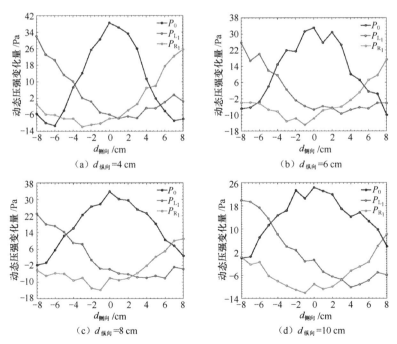

图 5.14　在上游尾鳍和下游机器鱼之间不同的纵向距离 $d_{纵向}$ 下，下游机器鱼测得的动态压强变化量与相对侧向距离 $d_{侧向}$ 之间的关系

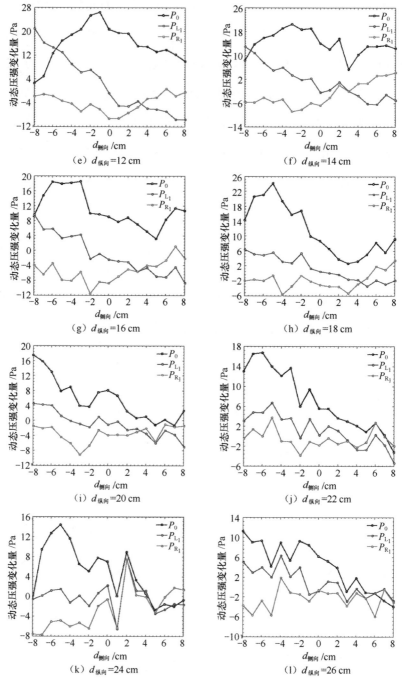

图 5.14　在上游尾鳍和下游机器鱼之间不同的纵向距离 $d_{纵向}$ 下，
下游机器鱼测得的动态压强变化量与相对侧向距离 $d_{侧向}$ 之间的关系（续）

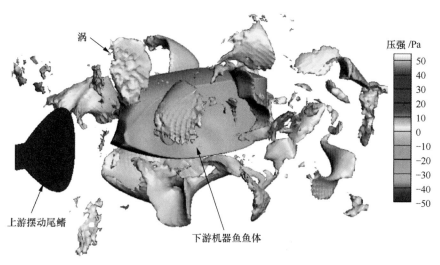

压强 /Pa

涡

上游摆动尾鳍

下游机器鱼鱼体

图 5.15　基于 Q 准则获得的机器鱼鱼体周围瞬时的涡结构

5.3.2　双鱼相对偏航角感知与上游尾鳍摆动偏置角感知的区别

双鱼相对偏航角与上游尾鳍摆动偏置角的这两组感知实验与其他实验最大的不同是破坏了左右对称性。在实验中，上游尾鳍与下游机器鱼鱼体都会形成一个非零角，但是这两组实验从感知的角度来说具有以下本质的区别。

（1）在实验中，上游尾鳍和下游机器鱼分别是"涡信号产生源"和"涡信号监测者"。所以，改变上游尾鳍摆动偏置角等同于改变"涡信号产生源"的方向，而改变邻近双鱼之间的相对偏航角等同于改变"涡信号监测者"的朝向。具体来说，在上游尾鳍摆动偏置角的感知实验中，非零偏置角导致上游尾鳍尾涡的脱落方向偏离水流的传播方向。与此同时，上游尾鳍向后的作用力也会偏离下游机器鱼所在的区域。然而，下游机器鱼，即"涡信号监测者"的位置从未发生改变。在双鱼相对偏航角的感知实验中，下游机器鱼压强传感器的位置会随其航向角的变化而变化，机器鱼鱼体的周围也会存在流动分离现象 [9] 和自生成涡 [10]。然而，上游尾鳍，即"涡信号产生源"从未发生改变。

（2）在上游尾鳍摆动偏置角的感知实验中，由于尾鳍与水流方向之间存在夹角，所以尾涡的传播方向会偏离水流的方向，相比于双鱼相对偏航角感知实验而言，偏置角导致的尾涡无法完全形成并保持稳定。

（3）在上游尾鳍摆动偏置角感知的实验中，上游尾鳍的主要作用范围在下游机器鱼头部。此外，随着上游尾鳍的偏置角的增加，因尾鳍偏离下游机器鱼头部，使得尾鳍的作用范围逐渐减小。相比之下，在双鱼相对偏航角感知实验中，随着下游机器鱼的相对偏航角的改变，尾鳍的摆动仍然可以作用于下游机器鱼的鱼体。

上述的不同使得下游机器鱼测得的动态压强变化量与相对状态之间的定性和定量关系不同。具体来说，在上游尾鳍摆动偏置角感知的实验中，随着上游尾鳍摆动偏置角的改变，P_0、P_{L_1} 以及 P_{R_1} 测得的动态压强变化量显著改变，而其他传感器测得的动态压强变化量没有显著变化。相比之下，在双鱼相对偏航角感知实验中，随着双鱼相对偏航角的改变，所有的传感器测得的动态压强变化量均有显著变化。

本章小结

本章主要探究了下游机器鱼人工侧线系统测得的动态压强变化量与邻近双鱼之间相对状态的回归模型，帮助机器鱼利用人工侧线数据反向求解相对状态信息。我们首先提出了 2 种用于评估回归分析中压强传感器的冗余性和不足性的判据。然后，我们使用了随机森林、支持向量回归、反向传播神经网络以及多元线性回归分析方法求解回归模型，并通过比较不同方法下的回归分析效果，确定了最佳的分析方法为随机森林。最后，我们开展了基于随机森林的摆动幅度和相对偏航角的估计，结果验证了这一方法的有效性。

本章的主要贡献有：

（1）探究了如何利用人工侧线系统测得的动态压强变化量，通过反向求解已经构建的回归模型，获得邻近双鱼的相对状态。本章研究验证了人工侧线系

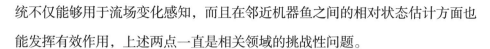

统不仅能够用于流场变化感知，而且在邻近机器鱼之间的相对状态估计方面也能发挥有效作用，上述两点一直是相关领域的挑战性问题。

（2）在较大的实验参数空间内，利用不同的智能算法探究了基于人工侧线系统的相对状态估计效果。目前很少有研究能够利用人工侧线估计出水下机器鱼的多种不同状态。此外，现有的大多数实验都只是在有限的实验参数空间内开展相应的研究。

（3）分析了人工侧线系统中压强传感器测量的数据对相对状态变化量的敏感度，探究了压强传感器的冗余性与不足性，在此之前几乎没有相关工作开展过类似的探究[11]。

在本章中，下游机器鱼的位姿是固定的，但是在现实中，鱼类总是能够在游动的同时感知周围信息。因此后续的研究将开展双自由游动的邻近机器鱼之间相对状态的在线估计。机器鱼的自由游动会导致鱼体的节律性摆动，这会对人工侧线测得的动态压强变化量产生显著的影响，所以最终的下游机器鱼测得的动态压强变化量与邻近双鱼相对状态之间的定性和定量关系可能与本章得到的关系会有显著的差异。双自由游动机器鱼之间基于人工侧线的相对状态估计研究具有一定的挑战性。但是从长远角度来看，这一问题如果能够解决，在实现估计邻近机器鱼相对位姿的基础上，我们可以设置控制器去使一条机器鱼与邻近的机器鱼以相同的摆动幅度、频率以及偏置摆动，从而实现领航和跟随控制。此外，考虑到正对上游摆动尾鳍的压强传感器的动态压强变化量是正值而两侧的动态压强变化量为负值，基于这样的动态压强变化量分布，我们还可以设计反馈控制器来实现多机器鱼的菱形队形控制[12]。

在本章的研究中，因为下游机器鱼的位姿是固定的，不随时间变化，在通过一系列简化后，我们使用多鳍肢驱动的仿箱鲀机器鱼开展实验，能够达到较好的实验效果。但是，在后续的研究中，下游机器鱼自由游动，多鳍肢驱动的仿箱鲀机器鱼的复杂壳体形状与侧鳍摆动会使流场变化更为复杂，增加不必要的流场噪声信号，从而不利于利用人工侧线感知有效信息，因此将使用单尾鳍驱动的仿箱鲀机器鱼开展实验探究。

参考文献

[1] FRANOSCH J M P, HAGEDORN H J A, GOULET J, et al. Wake tracking and the detection of vortex rings by the canal lateral line of fish[J]. Physical Review Letters, 2009, 103(7). DOI: 10.1103/PhysRevLett.103.078102.

[2] REN Z, MOHSENI K. A model of the lateral line of fish for vortex sensing[J]. Bioinspiration & Biomimetics, 2012, 7(3). DOI: 10.1088/1748-3182/7/3/036016.

[3] AKANYETI O, VENTURELLI R, VISENTIN F, et al. What information do kármán streets offer to flow sensing?[J]. Bioinspiration & Biomimetics, 2011, 6(3). DOI: 10.1088/1748-3182/6/3/036001.

[4] BREIMAN L. Random forests[J]. Machine Learning, 2001, 45(1):5-32.

[5] LIU Y L, WANG Y R, ZHANG J. New machine learning algorithm: random forest[C]//2012 International Conference on Information Computing and Applications. Heidelberg, Berlin: Springer, 2012: 246-252.

[6] HSU K L, GUPTA H V, SOROOSHIAN S. Artificial neural network modeling of the rainfall-runoff process[J]. Water Resources Research, 1995, 31(10): 2517-2530.

[7] HECHT-NIELSEN R. Theory of the backpropagation neural network[J]. Neural Networks, 1988, 1(s1): 445.

[8] BRERETON R G, LLOYD G R. Support vector machines for classification and regression[J]. Analyst, 2010, 135: 230-267.

[9] ANDERSON J D. Fundamentals of aerodynamics[M].5th ed. New York: McGraw-Hill Education, 2010.

[10] KODATI P, DENG X Y. Towards the body shape design of a hydrodynamically stable robotic boxfish[C]//2006 IEEE/RSJ International Conference on Intelligent Robots and Systems. Piscataway, USA: IEEE, 2006. 5412-5417.

[11] DEVRIES L, PALEY D A. Observability-based optimization for flow sensing and control of an underwater vehicle in a uniform flowfield[C]//2013 American Control Conference. Piscataway, USA: IEEE, 2013. 1386-1391.

[12] WEIHS D. Some hydrodynamical aspects of fish schooling[M]// WU T Y T, BROKAW C J, BRENNEN C. Swimming and Flying in Nature.New York: Springer, 1975: 703-718.

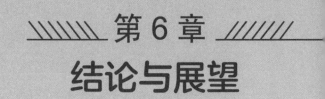

第 6 章

结论与展望

由于水下探测的需要，以一系列基于不同传感原理的传感器阵列为主要组成部件的人工侧线系统在近年来得到了长足的发展。无论是新型传感器带来的感知能力的提升，还是人工侧线系统在运动载体上的具体应用，都让人工侧线系统在水下探测领域展现出了巨大的潜力。

本书主要介绍了北京大学工学院智能仿生设计实验室在人工侧线感知领域取得的研究成果，我们首先综述了人工侧线的发展现状与其目前在流场特征识别、振荡源检测以及机器鱼流场辅助控制上的应用成果。为了进行人工侧线研究，我们设计了两款不同的仿箱鲀机器鱼，并且根据它们驱动方式的不同，开展了不同的实验探究。

在对两款仿箱鲀机器鱼的结构组成进行介绍后，我们开展了基于人工侧线的运动参数估计与轨迹预测研究。这既是对机器鱼多模态运动动力学的拓展，也从新的视角出发，探究机器鱼如何利用人工侧线系统，进行机器鱼运动参数的自主评估，从而实现对其轨迹的估计。我们首先基于伯努利方程，构建了机器鱼在直线运动、转弯运动、上升运动以及盘旋运动中的体表压强变化量与机器鱼的主要运动参数之间的关系模型。然后，我们利用大量的机器鱼运动实验获得的运动学参数数据和人工侧线数据，基于数据驱动的方法，确定了模型中参数的具体数值。利用机器鱼运动时的人工侧线数据，基于上述所获得的关系模型，反解得到机器鱼的运动参数。最后，我们提出了计算机器鱼在不同运动模态中轨迹的算法。结果对比表明，机器鱼可以准确地利用人工侧线数据，基于体表压强变化量模型估计得到自身的运动参数，进而估计自身的运动轨迹。

我们还将人工侧线从单机器鱼上的应用拓展到双机器鱼上的应用，进行了相对位置姿态感知研究。具体来说，我们首先探究了两条固定在循环水槽中呈领航－跟随队形的两条机器鱼，下游机器鱼利用自身搭载的人工侧线系统感知上游尾鳍摆动产生的反卡门涡街，进而感知上游尾鳍的摆动频率、摆动幅度、摆动偏置角、两条机器鱼之间的相对深度距离、相对偏航角、相对俯仰角以及相对横滚角等相对状态信息。对相对状态与下游机器鱼人工侧线系统压强数据之间的关系曲线进行定性、定量分析，证明了人工侧线能够感知来自上游的反卡门涡街的特征，也填补了人工侧线在多机器鱼应用中的空白。

在此基础上，为了对相对位姿进行估计，我们探究了二者的回归关系，最终确定使用随机森林进行反向求解得到相对位姿信息。此外，我们还定义了2种判据，用于评估人工侧线系统中每一个压强传感器对相对状态变化量的敏感度，分析了传感器在进行感知时的冗余性与不足性，确定了最佳感知效果的传感器位置。这对以后优化传感器阵列的分布设计具有一定的指导意义。

在本书的研究基础之上，未来可以从以下几个方面进一步挖掘人工侧线系统的潜力。首先是传感器的性能优化。我们使用的机器鱼搭载的人工侧线压强传感器存在着固有的硬件缺陷，这会导致数据漂移、数据信噪比低等一系列问题，这些都会影响人工侧线系统的实际应用效果，例如，降低了基于人工侧线系统的机器鱼运动参数估计和轨迹评估的准确性。特别地，在机器鱼进行自由游动时，人工侧线系统测得的数据必然存在着自身运动带来的噪声信号，这对传感器性能提出了更高的要求。因此，我们需要选用更加合适的传感器搭建人工侧线系统，以及设计相关的滤波算法以提取有效的传感器信息。

此外，基于人工侧线的多机器鱼邻近感知研究仅仅完成了初步的感知规律的探究，所获得的多机器鱼相对位置与人工侧线系统测得的数据之间的关系曲线无法直接用于多机器鱼队形保持控制研究。因此，下一步需要探究多机器鱼的相对位置与人工侧线系统测得的数据之间的回归模型，或者通过机器学习的相关算法得到可以用于基于人工侧线数据获取多机器鱼相对位置的关系模型。然后，基于上述模型，结合相关的控制算法，实现多机器鱼基于人工侧线系统的流场信息辅助的队形保持控制。